U0189400

# DK拯救地球

[英]马汀 · 布拉姆韦尔 [英]罗杰 · 夫
[英]林恩 · 迪克斯 [英]大卫 · 伯尼 著
文 星 译

科学普及出版社
· 北 京 ·

Original Title: Planet Watch

Content first published in Earth, Ocean Watch, Animal Watch, and Food Water in the United Kingdom, 2001

著作权合同登记号：01-2021-5665

**图书在版编目（CIP）数据**

DK拯救地球 /（英）马汀 · 布拉姆韦尔等著；文星译. — 北京：科学普及出版社，2022.1（2023.12重印）
书名原文：Planet Watch
ISBN 978-7-110-10233-6

Ⅰ. ①D… Ⅱ. ①马… ②文… Ⅲ. ①环境保护—青少年读物 Ⅳ. ①X-49

中国版本图书馆CIP数据核字(2020)第268597号

**策划编辑**　邓　文
**责任编辑**　白李娜
**封面设计**　朱　颖
**图书装帧**　金彩恒通
**责任校对**　焦　宁
**责任印制**　徐　飞

科学普及出版社出版
北京市海淀区中关村南大街16号　邮政编码：100081
电话：010-62173865　传真：010-62173081
http://www.cspbooks.com.cn
中国科学技术出版社有限公司发行部发行
惠州市金宣发智能包装科技有限公司承印
*
开本：889毫米×1194毫米　1/16　印张：6　字数：200千字
2022年1月第1版　2023年12月第2次印刷
ISBN 978-7-110-10233-6/X · 72
印数：8001—13000册　定价：59.80元

www.dk.com

# 目录


**前言：我们赖以生存的地球** 4

**拯救家园** 6

人口压力 8

森林危机 10

火灾的警告 12

气候变化 14

改变的代价 16

洪水！ 18

肮脏的燃料 20

清洁的空气……混浊的空气 22

污染的危险 24

垃圾成山 26

更洁净的未来 28

**拯救水源** 30

珍贵的资源 32

水源危机 34

污染 36

完美平衡 38

危险中的珊瑚礁 40

保护海岸 42

开发海洋 44

观光贸易 46

发臭的大海 48

上升的海平面 50

**拯救动物** 52

生境危机 54

新物种，新威胁 56

野味的诱惑 58

毛皮的诱惑 60

宠物贸易 62

狩猎的爱好 64

濒危动物 66

自然保护区 68

动物园的争论 70

**拯救食物** 72

我们的食物 74

不一样的收成 76

农业机械 78

大饥荒！ 80

顺应大自然 82

转基因食物之争 84

畜牧业 86

渔业 88

大自然的代价 90

**术语表** 92

**致谢** 96

# 前言：我们赖以

人类是一种不可思议的生物。我们能彼此交流、制订计划，还能改变世界。人类创造出了绘画和音乐等艺术表达方式，制造出了许多堪比自然界中最精巧事物的东西。人类还发明了令人惊叹的计算机。人类已经能够探测太空，甚至还能到那里一游。人类能够了解和改变自己的身体及其他动植物。但是，我们依然犯了很多错误。

其中一个就是只考虑我们自己的生存。大家都知道，人类的活动已经让地球越来越不堪重负。其他成千上万的物种正在因我们而灭绝。生存环境受到破坏，气候也在改变，这让地球上的生物，包括我们人类自己深受其害。这一切都源于我们对大自然母亲的索取，超出了她能承受的范围。

现在全世界有 76 亿人口，到 2050 年，人口数目可能达到 97 亿。现在人类已经将地球上大约一半的陆地占为己有，这些土地变成了农田、牧场、村庄、工业区及大大小小的城市。人类的活动向海洋和大气中排放了许多污染物质。人类已经利用了地球上超过一半的淡水资源，并控制着全世界2/3的河流。我们正在急速改变着这颗星球，却来不及了解这种改变会给我们自己带来怎样的影响。

# 生存的地球

还有一个就是我们不擅于分享。有些人享受着丰盛的佳肴，受到良好的教育，拥有早已超出自己需要的财富；而还有成千上万的人正在死亡边缘挣扎，只是因为没有足够的食物和清洁的饮用水。这是一种多么令人悲伤和愤慨的事情！

在许多国家，孩子们并不能像你一样在宽敞明亮的教室里学习。他们不懂得科学，没读过书，甚至不知道地球的形状。这也是令人难过的事实。

现代人类在地球上已经存在了20多万年。作为一个物种，我们还是非常年轻的。在21世纪20年代的今天，让我们一起期许：“再努力一些，多分享一点”。

有很多方式可以减少我们消耗资源，更公平地分配财富。不过，首先我们必须了解这些人类活动到底给世界带来了什么改变。我想，这也是你为什么要看这本书的原因。

**林恩 · 迪克斯 博士**

# 拯救家园

地球是一颗独一无二的星球。人们目前还没有发现其他星球能够提供维持生命所需的环境。地球上生存着 1000 万 ~ 3000 万种生物，包括动物、植物及微生物。这些生物联成一张庞大而精细的生物网，彼此间有着千丝万缕的联系。但是，有一种生物正在通过庞大的数量和永无止境的贪念，显著地改变着地球上的环境，这就是人类。

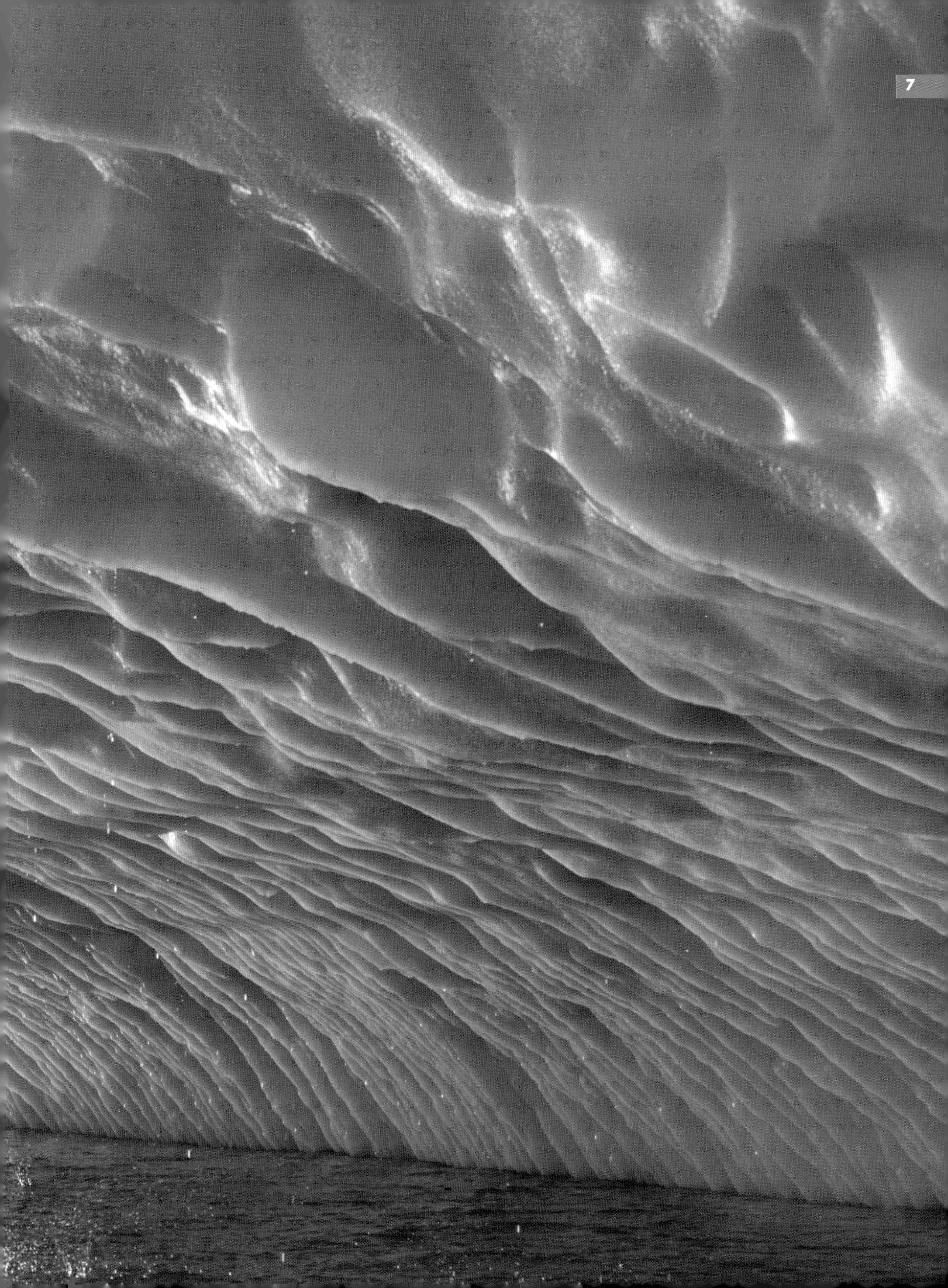

# 人口压力

1804年 10 亿

1927年 20 亿

1974年 40 亿

1999年 60 亿

2050年 90 多亿

在最近的一百年中，人口发生了爆炸式增长——人口数目翻了三倍还多。人口的增加得益于卫生、医药、食物供应等方面的改善。现在地球上生活着70多亿人口，而且还在不断飞速增长着。急剧的人口增长在某些方面来看是好事，这说明人们的健康状况比以前更好了。但激增的人口数量也带来了许多问题，我们需要更多的食物、能源及空间。计划生育是控制人口增长的一条途径。

### 人口增长

全球人口数量在几千年里一直在增长。但是直到最近的一百年才开始了急剧增长，如上图所示。如今，全世界每天有超过25万名婴儿出生。

“到香港观光的游客总是说香港是一座令人难忘的美丽都市。但是对我来说，香港是一个拥挤、嘈杂的地方。这儿有太多的人——很难找到一个安静的地方。晚上睡觉的时候，我的邻居总是大声地放着音响。而在白天，学校附近的建造新住宅和写字楼的工地上，锤子、电钻、推土机等总是发出震耳欲聋的噪声。如果我们不把教室所有的窗户都关上，就根本听不见老师讲课的声音。有时候，我被这些噪声弄得心烦意乱。”

维吉娜·韩

### 填海造地

随着人口的激增，越来越多的人涌向城市，寻找更多的工作机会和更好的生活条件。让每个人都能住上房子可不是件轻松的事情。在中国香港，填海造地用于修筑写字楼和公寓，甚至还将一片自然海滩改建成了国际机场。

## 离开乡村

上图是法国的一座空空的农舍，四周则是被遗弃的田地。在20世纪，有90%的人口居住在农村。而今天，只有不到一半的人口在乡村生活。人口增长造就了城市的繁荣，人们涌向城市去寻找更好的工作。有些国家的农村人口太少，以致没有足够的劳动力去从事农业生产。

## 城市里的贫民窟

这座位于巴西里约热内卢郊区的拥挤城镇，是涌入这座城市的居民建造起来的。这里的住宅没有自来水和排水系统，生活环境非常糟糕。这样的情景在人口激增的国家十分常见。

虽然全球人口数量还在增长，但增速已经开始下降了

## 人口流动

这是英国的一个破坏了自然景观的高速公路枢纽。人口越多，人们的流动性就越大。这也意味着会有更多污染空气的汽车、更多破坏自然生境的道路。乘坐公共交通工具能减少污染，因为一辆公交车可以同时容纳许多乘客。

全球人口有可能在21世纪的某个时期停止增长

## 交通的代价

每个人都喜欢旅游、度假——特别是到遥远的国度去享受异国风情。但航空交通却有着你不知道的代价——这是大气污染的主要来源。航空运输量在近15年间增加了一倍，飞机造成的污染也越来越严重。虽然如今的飞机更清洁、更高效，但污染问题还是无法根除。

**温带雨林**

这些覆盖着厚厚苔藓的树木形成了一种特殊的生境，这就是美洲西北部地区的温带雨林。温带雨林地区降水丰沛，气候凉爽。这种森林面积广阔，生长着巨大的、甚至存活了几百年的针叶树木。如今，大多数的原始森林都被人造林取代了，而人造林中生物种类较少。

# 森林危机

森林比其他陆地生境容纳着更多的生物。森林是1万多种树木及至少50万种动物的家园。然而，这些生物正面临着威胁，因为人类为了获取木材，以及获得用于农田、建筑物、道路的土地而大肆砍伐森林。在世界上的一些地区，包括欧洲和北美，早已开始了森林的砍伐开采，不过如今种下的树比砍伐的树要多。而在森林野生生物最为丰富的热带地区，大规模的森林采伐在20世纪90年代才真正开始，每年要砍伐几万平方千米的森林。

**地球上1/3的原始森林已经被砍伐了**

**热带雨林**

亚马孙河滋养了巴西的热带雨林。热带雨林一般位于气候炎热潮湿的近赤道地区，生长着种类繁多的树木，比如桃花心木、红木等，有些种类甚至连科学家都从未见过。这些树木为从猩猩到小昆虫等许多动物提供食物。

**消失的树木**

这片属于婆罗洲（分属于印度尼西亚、马来西亚和文莱三个国家）的土地上，树木已经被砍伐，并开辟出一片片纵横交错的梯田。热带雨林中出产的木材非常坚固、耐腐蚀，常常被人们用来制作户外家具。人们越多地购买这种木材制品，就会有越多的雨林树木被砍伐。

“森林起到了不可思议的作用。它们能固定土壤，调节水分供应，还能帮助调节气候。”

联合国开发计划署：
《1998年人类发展报告》

**可持续木材**

这位手工艺者正在使用可持续木材制作吉他。可持续木材是从天然森林或人工林中采伐的。当成材树被砍伐后，人们会重新补种上树苗，因此这种木材是可持续获得的。通过这种方式，雨林生态系统——传统的乐器制造材料的来源——可以一直持续发展下去。

**行动起来！**

不要购买热带雨林出产的硬木制作的产品，除非这种木材来源于可持续性采伐。回收纸张——能够避免砍伐更多的树木。

**危机中的植物**

在热带雨林，许多植物生活在树木高层，它们的根系紧紧贴附在乔木的树枝上，被称为附生植物。这些附生植物从雨水中获得水分，从腐烂的树叶和尘土中吸取养分。一旦森林被砍伐殆尽，这些附生植物也会因失去栖息地而灭绝。

喜马拉雅地区的附生兰花

**危机中的人们**

当森林遭受乱砍滥伐时，人类也会和野生生物一样面临威胁。右图中这个女人是居住于缅甸和泰国交界处的克耶族人，她的家园面临着森林被砍伐殆尽的危险。像其他的热带地区居民一样，克耶族人依赖森林供给食物，没有了森林，他们的传统文化也就走到了尽头。

巴西已经出台了明确的法律和规定控制森林采伐

# 火灾的

千百万年来，森林大火一直是自然界的正常现象。大火能烧掉枯死的树木和叶片，为新生植物提供一个适宜的环境。但是，当人为制造的火灾出现时——自然平衡就被打破了。人为发生的大火一旦失控，就会极具破坏性，而且人为火灾的发生频率也比自然大火高得多，因此森林来不及自我恢复。如今，气候变化带来的更干燥的夏季、更暖和的春季，也导致了森林火灾频发（西伯利亚地区的森林火灾次数在近20年中增加了10倍）。而人为故意引发、用于清理林区的大火，会让无数动物无家可归。

## 森林火灾

当火灾席卷一片森林时，可以摧毁生长了超过两百年的树木。鸟类和大型哺乳动物通常能提前逃离，但大多数小型动物将会被活活烧死。在一场大火过后，小树苗很快就会如雨后春笋一般钻出地面。然而，必须经过数十年时间，才能让这片森林完全恢复。

## 危机中的动物

东南亚地区的森林大火对猩猩来说非常危险。这种濒危动物栖息在森林的树冠层，但这并不能保护它们免受火灾伤害。同样，生活在马达加斯加的狐猴也无法逃脱大火的魔爪。

## 在灰烬中发芽

大火并不会杀死所有的树木，因为有些树木特殊的结构能够抵抗火焰。实际上，有些种类的松树非常依赖森林大火——它们的松果只有烧过后才能裂开，散落出种子。森林地表植物的地上部分被烧焦了，可是地下的根系依然完好无损。

**安全的地下**

北美山慈姑能在火灾中幸存下来，因为它们的鳞茎深深地埋在地面下。

**耐火树皮**

某些桉树具有剥落式树皮。树皮被烧毁时会脱落下来，树干本身就避免了烧伤。

# 警告

## “火灾……是上千年间最大的生态灾难之一。”

克劳斯·托普福
联合国环境规划署（UNEP）前执行长官

### 行动起来！

不要把空玻璃瓶丢到地上——它们会聚焦太阳光，引发火灾。

千万不要玩火—— 一根没有熄灭的火柴能引发一场森林大火。

如果你发现了火灾，马上拨打火警电话。

**扑灭大火**
一架直升机盘旋在一场灌木火灾上方，利用“bambi bucket”外挂吊桶浇水灭火。这个吊桶可以在附近的湖泊中重新装满水。

**觅食**
鹳拥有长长的喙，在碰到还没熄灭的火星和灰烬时也不会受伤。

### 不劳而获

这只被浓烟吸引而来的非洲鹳，抓住了一只想从草原大火中逃离的小动物。每当发生火灾的时候，鹳总是会到烧过的草丛中去寻找烤焦的蚱蜢和蜥蜴。

“我的名字叫苏菲亚·维林，我住在澳大利亚新南威尔士州的郊区。在夏季，这里非常热，气温能达到44℃，外面的景色也从青翠碧绿变成了枯黄一片。由于这里非常容易发生大火，因此完全不允许人们在野外点燃明火。我的继父是乡村消防队队长，他随时准备去扑灭大火。”

苏菲亚·维林
Sophie Verary

### 草原火灾

干草非常容易引起大火，这也是草原火灾比森林火灾发生更频繁的原因（比如在印度）。草原大火不像森林大火那样温度极高，而且草丛在火灾后也会很快重新生长出来，这是因为它们的根部埋在地下而得到了保护。

“虽然看起来进程缓慢，甚至有时还会反复，但是全球变暖绝对是我们这个时代最严峻的环境挑战。”

联合国前秘书长 潘基文

## 自然发生的气候变化

大约在2万年前——最近一次冰河时期的末期——北半球的绝大部分地区被冰雪覆盖。在如今为纽约的地区，冰层有数百米厚。在迄今1.5万年前，冰层退去，留下一片冻土苔原带。在大约7500年前，气候变得更加温暖，冻土带变成了森林。这个转变过程是自然循环的一部分，很可能还会继续发生——不过，没人知道将在什么时候。

冰河时期：2 万年前　　冻土苔原带：1.5 万年前

# 气候 变化

在21世纪，全球变暖会导致海平面上升超过50厘米

当生命第一次出现在地球上那一刻起，它就必须适应气候的变化。关于这种自然变化为何发生，气候学家有几种理论，而大多数专家都同意一点：我们的星球正在以前所未有的速度变暖，而造成这一现象的主要原因正是人类的活动。太阳光照射到地球上，一些特定的气体，比如二氧化碳，能将阳光带来的热量捕获。这种自然现象叫作温室效应。燃烧石油、煤、天然气会产生大量的二氧化碳，这会加强温室效应，让我们的家园——地球过热。

## 干旱

人类能通过多种途径影响气候。在纳米比亚沙漠这样的干旱地区，过度放牧破坏了地表植被。没有了这些植物，土壤很难保持水分，地表在白天的温度会更高。结果就会造成更干燥的空气和更稀少的降水——于是良田慢慢变成了沙漠。

7500 年前的森林　　今天的纽约

## 适应或是灭绝

自然发生的气候变化通常进程很缓慢，所以动植物都能够适应。然而今天的全球变暖速度比自然发生的快得多。这种急剧变暖会让许多来不及适应的物种灭绝。

**灭绝**

这只来自哥斯达黎加的金蟾蜍，于1989年灭绝。科学家认为这是气候变化造成的。

**濒临灭绝**

阿波罗绢蝶生活在山区，它们适应了凉爽的气候。在如今这个逐渐变暖的地球上，它们不得不迁徙到海拔更高的地方栖息。

## 改变的征兆

英国的生态学家发现，每年的春天都来得越来越早了——几乎可以肯定是全球变暖惹的祸。如今，有些树木的发芽日期要比40年前提早了10天。鸟类产卵的时间也比以前提前了。

**改变了的生命周期**

在越来越温暖的春季，橡树发芽的时间提前了；而由于秋天的气温也比较高，这些树木落叶的日子则推迟了。

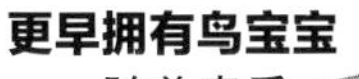

**更早拥有鸟宝宝**

随着春季的提前来到，苍头燕雀也更早地产卵孵化。

## 上升的海平面

全球变暖一个最引人注目的结果就是两极冰盖的融化。当温度上升时，极地冰河将更多的冰山和碎冰带到海洋。当这些冰块融化时海平面就会升高。在下一个一百年中，低海拔的岛屿（比如马尔代夫群岛）及海岸旁的城市，都处于被大海吞没的危险之中。

### 温室效应

**你需要准备：** 两个瓶子、一个透明的大玻璃碗或大塑料碗、水及充足的阳光。

**1 将两个瓶子**分别装入一半的水。将瓶子放在户外或窗边的阳光下。将透明的大碗倒扣在其中一个瓶子上方。等待一小时。

**2 拿掉大碗。**把手指依次伸进两个瓶子的水中，比较一下两者水温有什么不同。罩着透明大碗的那个瓶子中的水的温度，会比另一个瓶子中的高。

**这说明：** 透明大碗的作用就像是一个保暖罩，允许太阳光的热量进入，却阻止热量散失。大气层中的二氧化碳和其他温室气体也起到了类似的作用，导致地球气温升高。

“如果过多的北极冰层消失，北极熊将会灭绝。”

世界野生动物基金会网站

# 改变的代价

**无处可去**

这座气候凉爽的山峰坐落于南非的海角区域，是珍稀的鹿角甲虫的家园。如果全球气候持续变暖，山区动物将不得不迁往海拔更高的地区，去寻找适宜的栖息地。然而，这些已经生活在山顶的甲虫——它们将无处可去。

当你离开房间时记得关灯。
重复使用塑料袋——制造塑料会消耗大量能源。
购买低能耗的节能灯泡。

大气层中积累的污染性气体正在逐渐改变地球上的气候模式，并造成全球变暖。许多野生动物已经感受到了这种影响——有些动物不得不去寻找新的栖息地，因为原来的家园中已经没有食物和其他生存所需的条件了，而另一些动物则面临着灭绝的危险。

帝雁在阿拉斯加的育空河三角洲地区筑巢。这里是受到海平面上升威胁的野生动物保护区之一

**威胁中的保护区**

如果全球持续变暖，为保护湿地鸟类（比如帝雁）而设立的保护区将会毁于一旦。变高的气温将会导致降水增多和两极冰盖融化，最终造成海平面升高。数百万鸟类的海岸筑巢地将会被海水淹没。

在寒冷的冬季，北极熊可以在冰面上捕捉海豹，其他季节可捕获的猎物则很少。现在，冰面提前融化了，北极熊无法储存足够的脂肪，来度过没有多少食物的夏季

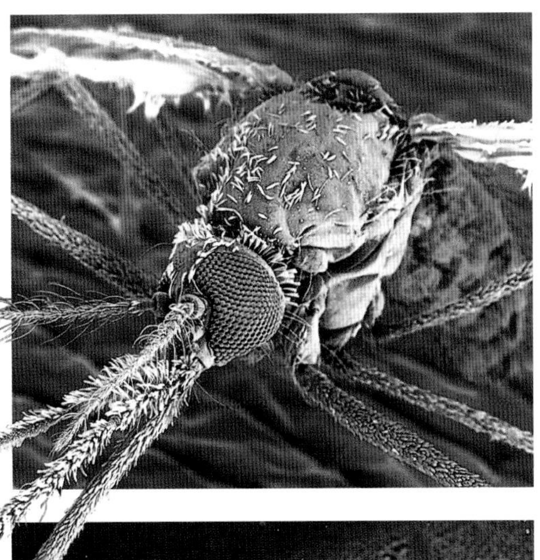

**扩散的蚊子**

蚊子叮咬人时，能传播疟疾等疾病。新发现的疟疾病例说明，按蚊（传播疟疾的主要蚊子种类）已经开始从原有的栖息地扩散到其他地区了，这也是气候变化的结果。

## 转移栖息地

当陆地和海洋温度上升时，许多野生动物开始了迁徙之旅。热带动物扩大了它们的领地，因为从前不适应它们生存的地方现在温度升高了。而喜欢凉爽或寒冷气候的动物只能向高纬度地区迁移，去寻找温度较低的生境。有些物种，比如蚊子，已经开始向新的、温暖的地区扩散了。

**檬鲽**

逐渐升温的海水迫使这种鱼类向更凉爽的海域迁移。类似这种改变会干扰食物链，造成一些物种数量大幅下降。

大气层中捕获热量的**特定气体**称为**温室气体**

### 实验

### 保温的动物皮毛

**你需要准备：**两个标记好的带盖瓶子、棉花、胶带、温水。

**1 将一个瓶子装满温水。**将瓶盖盖上，然后用棉花将瓶子厚厚地包裹一层，用胶带固定住（棉花起到的作用就像动物的皮毛一样）。将另一个瓶子装满温水，盖上瓶盖，和第一个瓶子并排放在一起。

你可以在水中加入一些食用色素，做一个缤纷多彩的实验

**2 过半小时之后，**将手指依次伸入两个瓶子中感受一下水温。包裹了棉花的瓶子中的水一直保持温暖，而另一个瓶子中的水已经凉了。

热量很容易通过没有隔离的玻璃瓶散发出去

**这说明：**浓密的毛皮可以保温。这对于生存在气候寒冷地区的野生动物来说是非常重要的，然而一旦气温升高，就会让两极地区的动物陷入过热的危险。

## 变暖的影响

北极熊适应了北极地区严寒的气候，在温暖的地区无法生存。全球变暖已经开始通过影响北极熊的主要食物——海豹而间接影响北极熊的生存。由于气候变暖，每年环斑海豹用于产仔和哺育小海豹的浮冰和雪穴都过早融化，让海豹无法顺利繁殖。

每年有300万人口由于洪水而无家可归，
其中许多人都生活在海滨地带。

# 洪 水！

想象一下你浸泡在齐腰深的洪水中，而你家里所有的东西都被冲得无影无踪。是不是很糟糕？而这在世界范围内几乎每周都会发生。洪水还会冲毁农田，并带来疾病。然而，洪水是一种自然现象，并且可以为人类所利用。比如，在孟加拉国，季风引发的洪水携带了大量淤泥，使当地的农田变得肥沃。但大多数的洪水是有害的，而且引起的灾害日益严重。其中一个原因是现在有更多的人口居住在洪水多发的区域，而另一个原因则是全球的气候变化造成了洪水更加肆虐。

### 可怕的洪水

在2005年，卡特里娜飓风袭击了美国的新奥尔良，然而最大的破坏是洪水造成的，这是因为整个城市的防洪体系疏于防范，防洪坝最终决堤。从那以后，人们开始重建防洪体系，修筑起更高、更坚固的防洪大堤。

### 逐渐下沉

洪水并不总是由暴雨带来的。在意大利北部的威尼斯城，由于地下水的过度抽取，洪水威胁变得越来越严重了，这导致了整个地表塌陷，连带整个城市开始慢慢下陷。在涨潮期，海潮淹没了威尼斯许多著名的广场，游客不得不踩着临时搭建的木桥通过。

**北美洲**
暴风雨影响了北美洲西海岸地区。

**南美洲**
在出现厄尔尼诺现象的年份，南美洲沿海区域变得更温暖。

**"厄尔尼诺"雨**
厄瓜多尔和秘鲁的降雨量增加。

## 厄尔尼诺

每隔几年，一股被称为"厄尔尼诺"的强劲的暖洋流就会抵达秘鲁的海岸边，它给秘鲁沙漠带来暴雨，而澳大利亚和印度尼西亚则陷入干旱。现在，厄尔尼诺现象发生更频繁，持续时间也更长了。

## 洪灾区域

你所在的地区决定了你是否容易遇到洪水。这张世界地图显示了全球年平均降水量。在热带地区，信风带来的降雨和热带风暴会造成洪水。在世界的其他地方，暴雨使河水暴涨、泛滥而形成洪水。地震也能带来海啸从而造成洪灾。

**在1986—1995 年间，洪水造成的死亡人数占因自然灾害而死亡人数的一半**

**全球变暖造成了暴风雨频发，因而洪灾也增多了**

## 决堤

这些人正在争分夺秒地修筑密苏里河的人工堤坝。原先的堤坝在平常的年份可以挡住河水，然而持续的暴雨会造成水位不断上涨，一旦决堤，汹涌的洪涛会横扫一切，带来灾难性的后果。

**核能**

铀燃料被装进核反应堆中。不像燃烧化石燃料的火电站，核电站不会产生废气，因此也就不会污染大气层。但是，铀具有极强的放射性，是一种危险的物质。甚至已经使用的核废料的放射性也会持续数万年。

在近**30年间**，
**人类**所**消耗的能源**
几乎翻了一**番**

# 肮脏的

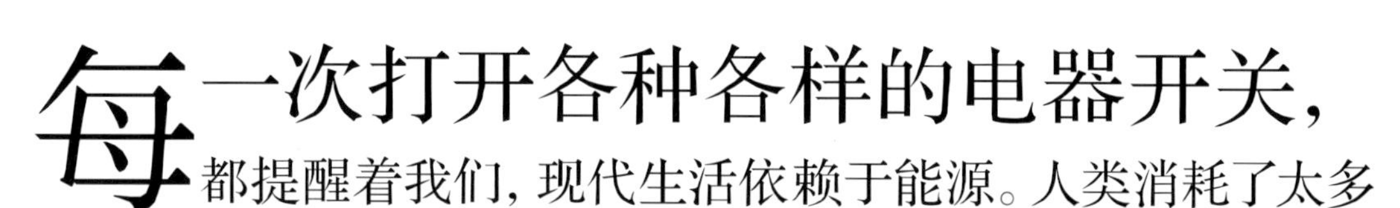

每一次打开各种各样的电器开关，都提醒着我们，现代生活依赖于能源。人类消耗了太多的能源，其中大多数来源于化石燃料的燃烧，比如石油、煤、天然气，这种能源价格较为低廉，使用也很方便。但是在运输的过程中和燃烧化石燃料时会造成环境污染。科学家正在寻找更高效地利用化石燃料的方法，从而减少污染。更好的办法是利用清洁能源，比如太阳能、风能和水能。

**天然气管道**

这台大吊车正在缓缓挪动，为西伯利亚地区铺设天然气管道。铺设管道会破坏自然生境，而且使人类得以进入无人的原始地区，从而带来更多的后续破坏。不过，天然气也有一定的优点——含硫量很少，是最清洁的化石燃料。

全世界
**平均每人**
每年要
**用掉1.7吨**
**石油**

**开采煤炭**

在澳大利亚的这个煤矿区，人们挖掘出大量的岩石，以便开采出深埋在地底下的煤炭。开采煤炭是很危险的工作，也对周边的自然环境造成了严重破坏。当煤炭埋藏于浅层的时候，地表植被就会被推土机铲平。

# 燃料

人类已经探明全球大约90%的原油储量

**行动起来！**

在你不用电脑的时候就关机。
冬天时，暖气少开几度，衣服多穿几件。
不要让电视处于待机状态。

## 开采石油

这台抽油机正在从地面下开采石油。石油一度主要从陆地上开采，但是若干年之后，许多陆地油井都枯竭了。现在，有很大一部分的石油是从海上油井中开采出来的。海上油井泄漏的石油污染了海床，油轮泄漏也会给许多海洋生物带来灭顶之灾。

电脑消耗的大部分能量，都转换成热量散失了

## 发电

发电站为我们的日常生活提供了电力。下图为燃烧煤炭的火力发电站和冷却塔，它们会造成大气污染，并产生多余的热能。现代化天然气发电站更为高效，造成的污染也更少。

## 合理用电

你可能很难相信，每天都在使用的电脑也会污染环境。其实，电灯、电话、电风扇也一样会破坏环境。所有这些电器都需要电力，而电力一般来自燃烧煤、石油、天然气的火力发电站，或者是使用核燃料的核电站。

在燃烧化石燃料发电的过程中，超过一半的能量都被浪费了

# 清洁的空气……混浊的空气

混浊的空气可不是一件新鲜事。在过去家家户户都在烧煤的时代，城市的空气中充满了煤烟——那时伦敦的上空弥漫着黄色的浓雾。现在的家庭已经很少燃烧木材或是煤炭了，但是却有了新的空气污染源。许多制造品释放出空气污染物，生活垃圾在焚烧时也会产生污染物，而污染大气的罪魁祸首则是化石燃料，如煤、石油、天然气。它们是火电站、汽车、飞机的动力来源，但是燃烧时会制造大量的污染物。

“我住在美国的路易斯安那州，这里常常有烟雾。烟雾里充满了化学物质和尘土，带有一股刺鼻的气味。只要呼吸了一口这样的烟雾，你就会感到好像要咳一辈子一样。如果想跑开，反而会更难受，因为你会感到完全无法呼吸。因为我还患有哮喘，肺更敏感，每当有烟雾预警的时候，我都特别担心。”

苏菲亚·戴肯
Sophia Leikin

## 城市烟雾

晴天时的城市笼罩在一片棕黄色的烟雾下。这种现代烟雾是比较温暖的地区、城市的严重问题，是由于汽车尾气等气体在阳光下发生反应形成的。这种刺激性烟雾中含有一氧化氮、臭氧及其他有毒气体。许多城市在空气质量非常糟糕时会发布烟雾预警。

**甘蔗制成的燃料**

人们把甘蔗榨成汁，将甘蔗汁发酵，使里面的糖类转化成乙醇。

## 低污染的未来

未来的汽车能够燃烧生物燃料，比如生物乙醇——从糖类作物如甘蔗中提取的。由于植物可以固定二氧化碳，燃烧生物燃料并不会给大气层增加额外的二氧化碳。不过燃烧生物燃料还是会给城市空气造成污染。

**清洁汽车**

电力汽车不会排放尾气，而且如果采用可再生电力，就完全不会给环境造成污染。

**酸雨的腐蚀**

这座古老的雕像失去了头部和胳膊，罪魁祸首就是酸雨，它能慢慢地腐蚀岩石，使它们松动脱落。

在寒冷地区，冬季的空气污染会造成酸雪，尝起来有柠檬那么酸

## 酸雨

煤和石油燃烧时，会释放出二氧化硫，这种强酸性的气体能形成酸雨。酸雨可以侵蚀大片树木，也会危害湖泊和河流中的生物。现代化发电站具有清洁系统，能够将二氧化硫从排放的废气中去除。汽车没有这样的清洁系统，不过在许多国家，法律明文规定了汽车燃油中的硫含量。

**枯死的树木**

酸雨改变了土壤中的化学成分，侵蚀了这片云杉林，云杉树从树梢开始枯死了。

由于氯氟烃而破坏的大气臭氧层可能最早要到2050年才能完全恢复

**实验**

### 酸雨

**你需要准备：** 两个小瓶子、自来水、醋、两支粉笔。

**1 在一个瓶子中**倒入1/3的自来水，在另一个瓶子中倒入1/3的醋，在每个瓶子中放入一支粉笔。放一个晚上。

**2 第二天去看看**这两个瓶子。浸在醋里的粉笔已经溶解了一部分，而泡在水里的粉笔则完好无损。

**这说明：** 粉笔主要是由石膏（硫酸钙）和石灰石（碳酸钙）制成的，尽管醋的酸性比较小，但还是可以溶解粉笔。酸雨也会以同样的方式腐蚀石膏和石灰石。

## 拯救臭氧层

臭氧是一种对人体有害的气体，但是在大气高层中，臭氧形成了一个天然的防护罩，保护我们免受太阳光中紫外线的伤害。近些年来，臭氧层受到了氯氟烃类物质的破坏，变得稀薄了。氯氟烃是曾经用于制造喷雾剂、冰箱制冷剂、塑料包装等的化学物质。在1987 年，多个国家一起签订了一项国际协议，限制氯氟烃的使用。

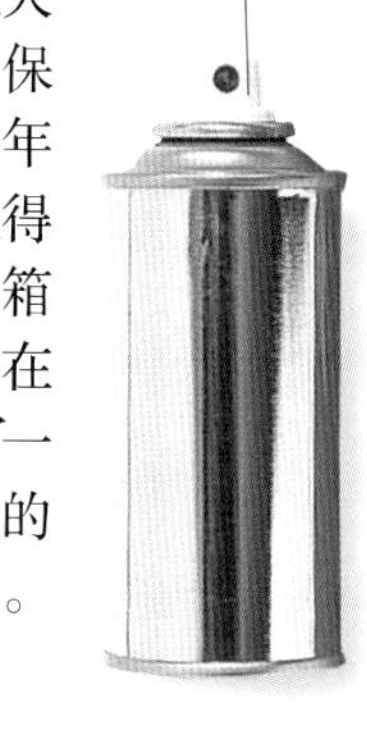

现在的喷雾剂是无氟产品

**喷雾剂**

喷雾剂中喷射出来的氯氟烃，需要100 多年的时间才能转化消失。

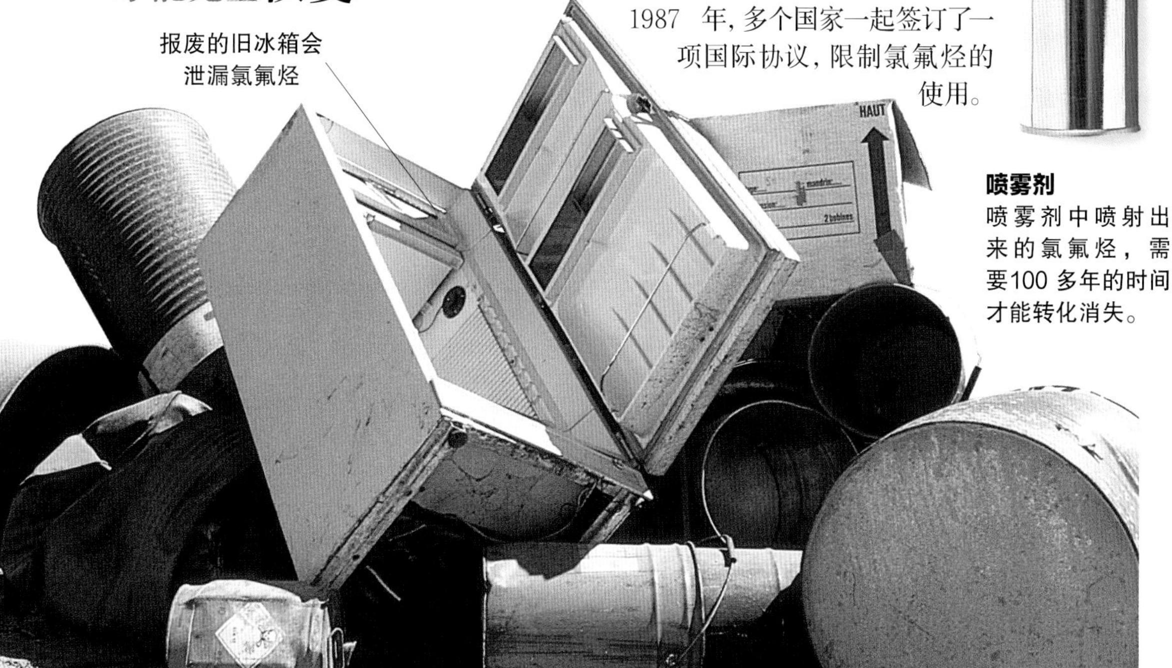


报废的旧冰箱会泄漏氯氟烃

# 污染的危险

**这**个星球无时无刻不在接收着我们的废弃物——化学物质被排放到河流中，有毒气体泄漏到空气中，有毒废物堆积在陆地上。污染通常是看不见的，但对于生境的损害丝毫不比森林大火或是轰隆隆的推土机少。污染物可以通过食物链进入动物体内，造成动物健康状况下降。有些污染物在动物体内富集，达到一定水平后才显露出危害。对于那些已经遭受栖息地被破坏的生物来说，仅存家园的污染简直是毁灭性的。现在人们已经开始寻找化学杀虫剂的替代品，并采用无污染的清洁能源，比如太阳能和风能。

### 致命的灾难

石油泄漏到海洋后，会被冲刷到沙滩上，就像上图中美国得克萨斯州海域发生的一样。在被清除干净之前，石油会杀死许多海鸟及沙滩穴居动物，给野生动物带来严重的问题。石油会黏附在动物的毛皮和羽毛上，一旦进入体内还会毒害动物的生命。

### 化学污染

顶级捕食者，例如这只白头海雕，会因为吃下体内富集有毒素的猎物而中毒。有时候污染不只是由意外发生的事故造成的：一些工厂排放的有毒废气和废水、农田使用的杀虫剂可以杀死陆地和水中的野生动物。自从DDT杀虫剂被禁止使用后，白头海雕的数量正在逐渐恢复。

### 破碎的鸟蛋

由于有害杀虫剂在雀鹰体内富集，它们产下的蛋非常易碎。现在，许多杀虫剂都开始采用天然植物提取物来制造，比起人工化学合成的杀虫剂，天然杀虫剂对环境的伤害要小多了。

**危险的食物**
食用受到放射性污染的植物可以引起动物的出生缺陷。

## 放射性

1986年乌克兰切尔诺贝利核电站的爆炸事故，使得驯鹿和家畜赖以生存的牧场受到了放射性污染。拉普兰地区的驯鹿食用了受到污染的牧草，许多都死去了。严重的放射性污染很罕见，一旦发生，后果则是灾难性的。

## 海洋垃圾

有组织的清理计划能让海滩看起来更干净（如上图中的阿拉斯加海滩），还能清理危害野生动物的海洋垃圾。这些海洋垃圾包括渔网、渔坠、塑料袋、塑料瓶等，它们能使海洋生物被困、中毒或是窒息。

## 与污染斗争

环保组织，比如绿色和平组织发起抵制环境污染的行动。在1996年，绿色和平组织反对壳牌石油公司准备将废弃的布兰特史帕尔储油平台沉没在海床上的计划，组织成员经过调查发现这个储油平台内充满了有毒物质。最终，反对运动迫使石油公司不得不改变了沉没储油平台的计划。

### 垃圾分类

实验

**你需要准备：** 两个空瓶子、从外面挖回来的潮湿的泥土、一块苹果切片、一片铝箔（厨房里可以找到）、一片塑料袋碎片、一大张纸。

**1 在两个瓶子中**各装入半瓶泥土。将苹果片放进一个瓶子，在另一个瓶子中放入铝箔和塑料袋碎片。两个瓶子均用泥土覆盖，然后将瓶子放在温暖的地方。

金属和塑料等需要上百年的时间才能被完全降解。

**2 一个星期之后，**将两个瓶子中装的东西倒在纸上，你会看见苹果片已经干枯皱缩，并且开始腐烂了，但是铝箔和塑料片还是老样子。

**这说明：** 土壤中的微生物能分解自然废物，但金属和塑料却并不容易降解。这些垃圾能在自然环境中留存多年，危害世世代代的野生动物。

# 垃圾

### 致命的吸引力

我们的生活垃圾对野生动物来说可能是致命的。腐烂食物的气味把这只熊吸引过来，它正在一个垃圾堆中寻找食物。然而，它可能被垃圾中的玻璃碴划伤，或是因塑料袋窒息而死。

在大自然中，什么也不会被浪费，因为生物体制造的物质和生物体本身都是可以降解再利用的。然而人类的世界却不是这样。我们平均每年每人要制造750千克的生活垃圾，这些越堆越高的垃圾山必须要找个地方存放。其实，我们丢掉的许多东西都是有用的资源。纸、玻璃、金属可以回收利用，厨房和花园垃圾可以制成堆肥。

**塑料**都是可以**回收**利用的，然而**大部分**塑料制品都被白白**丢弃了**

**我们必须想办法减少垃圾产量**

### 有毒的定时炸弹

工业垃圾通常有毒，必须进行专门处理。这个装有化学物品的铁桶已经泄漏，会造成严重的环境问题。处理像这样的工业垃圾成本很高，所以常常被非法丢弃。

### 乱糟糟的垃圾场

在这个乱糟糟、臭气熏天的垃圾填埋场，一台推土机正在倾倒生活垃圾。当这个填埋场被垃圾填满之后，就会用泥土覆盖并封存。但是，要多年之后这片区域才能再次靠近，这是因为垃圾在分解过程中会产生易燃气体和污泥。

# 成山

## 垃圾堆肥

在这个位于法国的垃圾处理厂，生活垃圾中的有机物被转化成堆肥，这是很好的肥料。生活垃圾中有1/4的成分都是有机物，包括果蔬皮、剩菜剩饭等。

## 荷兰的垃圾处理方法

荷兰的回收垃圾箱根据不同的垃圾种类而有着不同的颜色——蓝色是纸、橙色是织物、绿色是玻璃、黄色则是金属罐。这种方法使得回收系统工作效率更高。

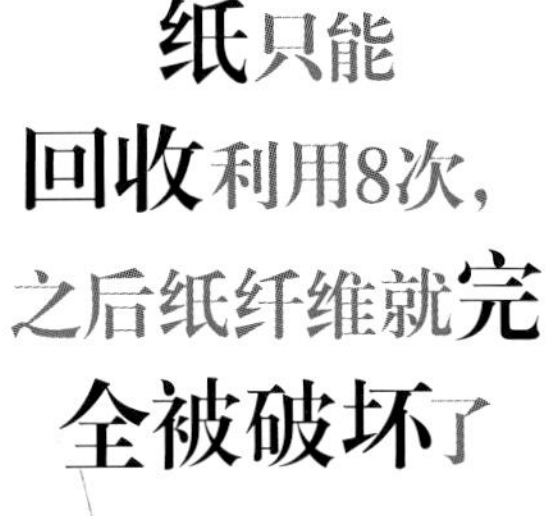

**纸**只能**回收**利用8次，之后纸纤维就**完全被破坏**了

## 更长的使用寿命

生活垃圾中包含了很多可以回收利用的东西。比如玻璃可以永久性回收，因为它不会分解；金属（比如铝制易拉罐）也可以无限期地回收利用。

各种玻璃瓶、金属罐和纸张都能回收利用。

## 行动起来！

丢垃圾之前先分类，尽可能地回收可以利用的东西。
少用一次性筷子。
不要用一次性杯子，带上你自己的水杯吧。

**热靶点**

盘状收集器将太阳光聚焦成一束，汇聚到热靶点上，加热里面的液体。

**太阳能收集器**

盘状收集器在电脑控制下，跟随太阳的起落变换也改变着自己的方位，保持直面阳光。

## 太阳能

这些太阳能收集器聚焦太阳光，收集器的焦点位置装有液体，能吸收太阳能而升温，从而带动涡轮器旋转产生电能。太阳能也可以通过光电池捕获，直接转化成电能。

# 更洁净的未来

仅仅在一天时间内照射到地球的太阳光的能量，就够我们人类用上15年！与化石燃料或是核燃料释放出的能量不同，太阳能是可再生能源，而且不会带来任何污染。太阳能为地球带来温暖，驱动空气和水流动从而形成风和洋流。现在只有很少一部分太阳能为人类所用，这主要是因为利用太阳能的成本较高。不过随着科技的进步，清洁能源正在变得越来越便宜。使用清洁能源可以解决许多环境问题。

## 强劲的风

未来的风力发电机可能会为我们提供更多的电力。虽然有人觉得这些风力发电机噪声太大，而且破坏了自然景观，但是它们确实没有污染。而且，风力发电机在有强劲海风的海岸区域还可以发挥更大的作用。

夏季，窗户使屋内保持凉爽

太阳能照明

## 高效利用能源的住宅

这座位于维也纳的房屋经过特殊设计，能够最有效地利用能源。房屋的窗户在冬天时可以让阳光射入，在夏天时则挡住了大部分阳光。墙壁隔热性很好，室内的温度总是保持在一定的范围内。太阳能热水器为住宅供应了部分热水。

## 水能

全世界大约有1/6的电力是水力发电提供的。右图是斯里兰卡的一座大坝，水坝拦截的河水倾泻而下，驱动涡轮机发电。这就是水力发电。

## 生命终点

水电是清洁能源，但水坝会给水生动物带来威胁。红大马哈鱼从海洋中逆流而上，返回出生地的淡水河流中产卵，大坝挡住了它们的去路，许多红大马哈鱼在大坝下苦苦徘徊，最终累死。

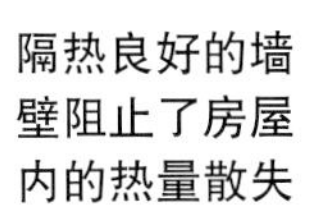

隔热良好的墙壁阻止了房屋内的热量散失

冬天阳光可以透过南面向阳的窗户射入房屋

**风能**和**潮汐能**在理论上**可以**满足我们的**全部所需**

## 地球里的能量

新西兰的这座发电站通过热岩石中冒出的蒸汽驱动涡轮机发电，对环境没有污染。这种清洁的能源就是地热能。地球的内部有着很高的热量，而有些地区的高温区比较靠近地表，地热能正是取自于此。

**在冰岛**
有4/5的**家庭取暖**
都依赖**地热**

### 水轮

**你需要准备：**两个薄塑料盘子、六个塑料瓶盖、双面胶、铅笔、自来水。

1 **用一支铅笔**在一个盘子的中心插一个孔。第二个塑料盘子也这样处理。

2 **用双面胶**将六个塑料瓶盖粘在一个盘子的边缘，每个瓶盖的盖口对着下一个瓶盖的盖底，首尾相接地均匀排列在盘子边缘。

3 **拿出第二个盘子，**用双面胶将它和六个瓶盖也粘在一起，和第一个盘子相对，形成一个“三明治”一样的结构。

4 **用一支铅笔**穿过两个盘子中间的孔，水轮就做好了。把水轮放在水龙头底下，让水倾泻在水轮的塑料瓶盖上，水轮就开始转动起来。

**这说明：**利用水轮，流动水中的能量就能为人们所用。

# 拯救水源

地球上的所有生命都离不开水。大多数水存在于海洋，那里是无数动植物的家园。而在陆地上，由于人们无止境的开发利用，清洁的淡水成了越来越稀缺的资源。

# 珍贵的

# 水

水是生命之源。在有些地方，淡水唾手可得，然而在其他一些地方，淡水深深地埋在地下。水在不断循环：水以雨或雪的形式降落到地面上，流进江河湖泊，最后汇入大海。每天太阳光的热量使得亿万吨水从海洋里蒸发到大气层中。大气层中的水蒸气形成了云，最终又形成雨或雪落到地面。人类曾经对水循环影响很小，但是在最近的100年间，情况发生了改变。现在，我们已经利用了全球一半的淡水资源，包括大大小小的河流、湖泊和泉水。在有些地方，淡水资源已经枯竭了。

**“人类的活动干扰了自然水循环。”**

联合国粮食及农业组织

**地表水**

这是美国俄勒冈州的一处美丽的瀑布。水从陡峭的石壁上奔泻而下，最终涌向海洋与其相会。这就是地表水——位于地面上的水。地表水包括冰川、河流、湖泊。水对于所有的生物都是不可或缺的，因为生命过程需要水的参与。

# 资源

长喙能抓住昆虫、蜗牛、小型蛙类等小动物

棕色的羽色使得它和树根等背景浑然一体

长长的、分得很开的脚趾让这只鸟儿不会陷入软塌塌的泥地

## 变干的湿地

许多鸟类栖息在淡水湿地中，比如这只水秧鸡。由于人们排干湿地来开垦农田或建造房屋，这些无法适应其他生境的湿地鸟类被迫离开。湿地鸟类的数量因此锐减。

## 地下水

在一些沙漠地区，只有深深的地下才有水源。上图是位于撒哈拉沙漠边缘的马里共和国，一个女人正在从一口井中汲水。降雨渗入地下，富集在地面下的天然蓄水区中，就形成了地下水。

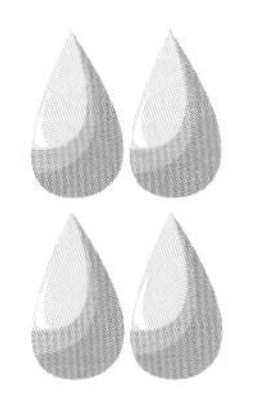

| 美国 | 澳大利亚 | 英国 | 肯尼亚 |
| --- | --- | --- | --- |
| 248.3 万升 | 139.3 万升 | 124.5 万升 | 71.4 万升 |

## 一年的用水量

有些国家的耗水量惊人。上图显示了不同国家每人每年的用水量，包括日常饮用和洗涮、工业及农业等用途。制造一件棉衬衫就需要2700升水，这作为饮用水足够一个人喝三年。

在卫生间抽水马桶的水箱里放一个饮料瓶——当冲马桶的时候，用水就会少些了。最好洗淋浴而不是泡澡。用一盆水洗东西，不要直接在水龙头下冲洗。

实验

### 天然水质过滤器

**你需要准备：** 剪刀、圆规、塑料瓶、大盘子、手套、汤勺、鹅卵石、沙砾、小石子、粗沙、细沙、罐子、水、泥土。

**1 剪去**塑料瓶的上半部分，用圆规小心地在瓶身底部扎六个小孔。

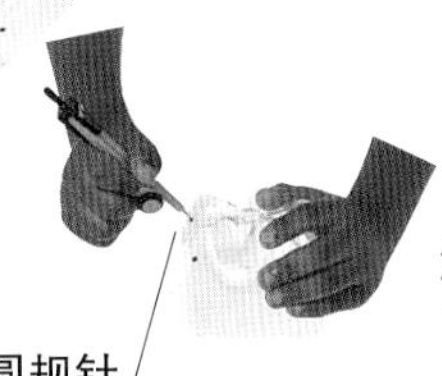

用圆规针尖扎孔

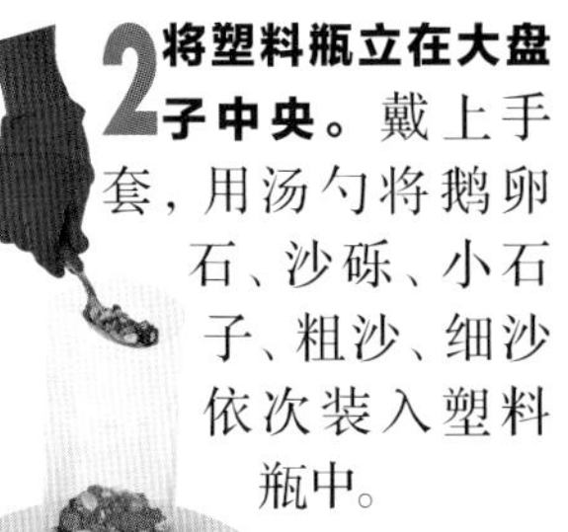

**2 将塑料瓶立在大盘子中央。** 戴上手套，用汤勺将鹅卵石、沙砾、小石子、粗沙、细沙依次装入塑料瓶中。

小石子

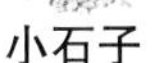

粗沙

细沙

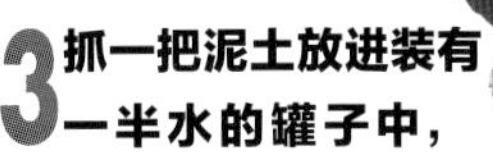

泥土留在了砂石中

**3 抓一把泥土放进装有一半水的罐子中，** 搅匀，然后倒进准备好的塑料瓶中。通过瓶中砂石过滤后，流进盘子里的水要比罐子里的水清澈得多。

**这说明：** 当水渗入地下的时候，会经过天然砂石过滤，因此地下水是非常洁净的。

# 水源

全世界的许多地区都非常缺水，而水源的匮乏正日益严重。过于浪费的用水、没有计划的灌溉，无论对于我们还是所居住的环境都会带来毁灭性的后果。人们需要新鲜干净的饮用水、卫生设施用水及庄稼和牲畜的用水。旱灾无法预防，但即便是少量的雨水也可以小心地收集、储存起来，并运输到很远的地方。

**珍贵的水资源**

对于居住在北非的一些人来说，饮用水的唯一来源就是井水——从深深的地下汲取上来。开口井或地表泉眼的水常常被污染（如动物粪便）。因此国际援助项目帮助当地居民新打了许多口水井，提供干净的饮用水。

“现在大概有10亿人缺乏安全的饮用水。”

联合国，2008

**船只的坟场**

这些曾经的咸海渔船搁浅在一片沙滩上。过度的农业灌溉使得咸海快要消失了。

**亚洲的“死湖”**

位于亚洲西部的咸海一度是世界上最大的湖泊之一。然而在20世纪60年代，苏联开始了过度的农业灌溉项目，截取了注入咸海的河流。今天，咸海只剩下了1/6的面积，周围的农田变成了沙漠。干涸的湖床上覆盖着厚厚的盐层，当地的渔业遭受了重创。

# 危机

## 不毛之地

几十年来，人们从巴基斯坦的印度河中引出了数亿升水，用来灌溉农田。如今这种过度灌溉则带来了一场生态灾难。河边的大多数农田变成了寸草不生的盐碱地。这是由于灌溉时从泥土深处泛上来的矿物盐在水分蒸发后留在地表形成的。这些盐层对庄稼有害，而且使土地质地坚硬、无法耕种。

**在印度干旱地区，雨水汇集技术已经挽救了阿瓦瑞河**

实验

### 盐层的形成

**你需要准备：**干净的塑料盒子、食用盐、泥土、橡胶手套、水、放大镜。

**1 在盒子中**放入约1厘米厚的盐，然后覆盖上5厘米厚的泥土。戴上手套，将泥土压实。

**2 将泥土浇透。**把盒子放在温暖、向阳的窗户边。当泥土干透了以后，再浇透。在两周时间里重复这个过程。

**3 每天用放大镜检查**泥土表面。几天之后，就会有微小的盐粒出现。两周以后，泥土表面覆盖上了一层坚硬的盐层。

**这说明：**灌溉水能溶解土壤深处的盐，并将其带到地表，当水分蒸发之后就留在地表形成盐层。

*每次接触过泥土之后都要注意洗手。

## 节水

新型农业技术，比如无土栽培，让农民可以用更少的水在温室里种植作物。例如这些种植在砂土袋里的西红柿。含有营养物质的水直接浇灌在种植袋中，被植物根部吸收。

## 圆形农田

这些位于美国俄勒冈州的农田呈圆圈状，适应特别的灌溉技术。当降雨稀少的时候，一条装有多个滚轮的长长的输水管就会绕着圆形农田的中心旋转，同时喷洒灌溉水。

## 汇集雨水

在印度的一些农耕坡地，人们利用一些较低的地形或用石头建成坝，它们被称之为“johads”。这种水利设施可以收集珍贵的雨水。甚至在干旱的年份，也有足够的储水用来浇灌庄稼。

# 污染

使用过的水早晚都会回到自然界的水循环中。工、农业废物和家庭垃圾常常会造成水污染。有些污水毒害水生生物，有些则会造成疾病。在发达国家，水污染已经是一个长期的问题，随着不断的治理，情况有所好转；然而在一些发展中国家，污染现象日益严重，甚至很难找到洁净的水源。

## 化学物质污染

看一眼这条小溪就知道里面的水不能喝，甚至不能碰触。但污染了的水并不总是能看出来的。一些废弃的化学物质溶解在水中无色无味，这样的水污染很难控制。

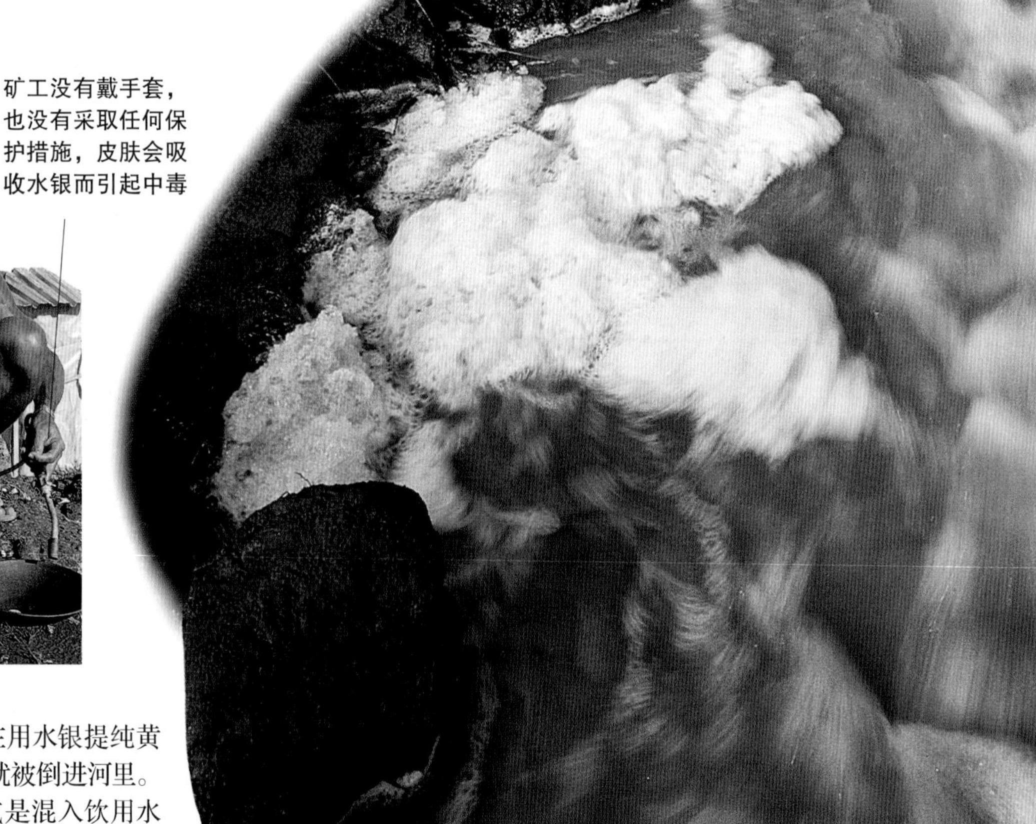

这只液化气罐中的气体用于燃烧产热，加快提纯黄金的速度

矿工没有戴手套，也没有采取任何保护措施，皮肤会吸收水银而引起中毒

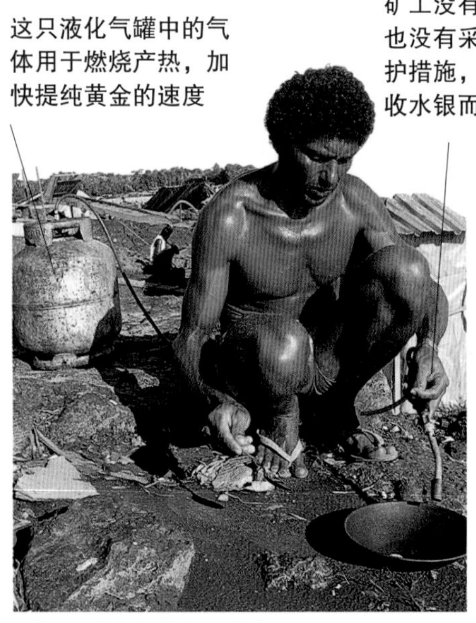

## 亚马孙河中的水银

上图中的这个巴西矿工正在用水银提纯黄金。金子提纯出来后，水银常常就被倒进河里。水银会杀死河中的水生生物，或是混入饮用水中使人中毒。

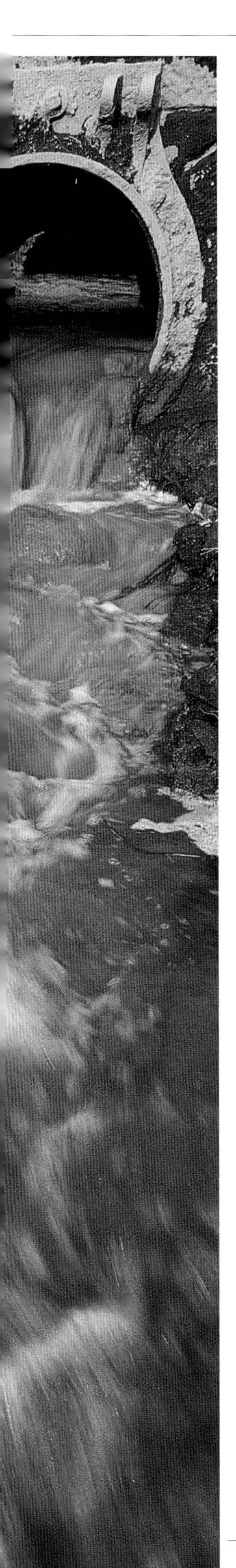

## 海滩上的石油

这些志愿者正在清理威尔士一处海滩上的石油。泄漏的石油对海鸟来说是致命的。石油会黏附、堵塞海鸟的羽毛，使它们无法飞翔，也很难保持体温。

鸟类在梳理羽毛时，可能因为咽下石油而造成中毒

石油可以用洗涤剂清洗掉

**世界上有些河流被工农业废物污染，里面完全没有生物存活，成了“死河”**

## 热水的危害

炼油厂和发电站常常用冷却水带走多余的热量。这些热水被排放到河流中，如上图。热量会减少河水中的含氧量，造成鱼类的死亡。

**行动起来！**

如果你发现了污染的迹象，比如海滩上出现了泄漏的原油，请通知当地政府。

不要往河流、海洋里及海滩上乱扔垃圾。

把没用完的油漆送到回收中心。

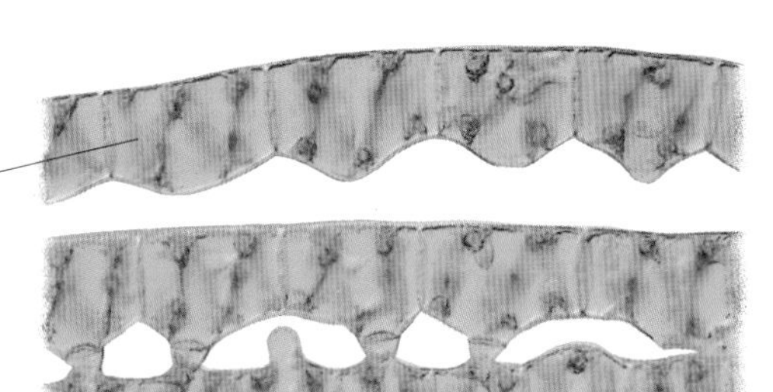

单个的藻类比头发丝还要细

当成千上万的藻类覆盖住海面时，就形成了“赤潮”

## 疯狂生长

像左图这些微小的藻类天然存在于河流、湖泊、池塘里，通常不会带来危害。但是如果水质被富含营养的废弃物污染，这些藻类就开始疯狂地生长。它们死亡、腐烂时，会耗尽水中的氧气，并留下有毒物质。

# 完美 平衡

**浮游植物**

这些微小的植物漂浮在海洋表层，利用阳光中的能量将水和二氧化碳转化成食物。

海洋中的动植物看起来和陆地上的完全不同。不过它们的生存方式都是类似的。海洋植物也和陆地上的树木、青草一样进行光合作用——捕获阳光中的能量，转化成养分。像在陆地上一样，植物被植食动物吃掉，而植食动物又被肉食动物吃掉。海洋生境包括岩质和砂质的海滩、珊瑚礁、海藻林及黑暗寒冷的深海海域。千百万年来，海洋生物已经适应了所生存的海洋生境。打破这种平衡，无论对于动植物还是人类来说都会产生不良的影响。

**海洋“牧场”**

这张标有颜色的卫星图片展示了海洋中浮游植物是如何分布的。红色区域含有最丰富的浮游植物，蓝色区域则最少。这些植物为海洋中的动物提供了食物，并向大气层释放出氧气。

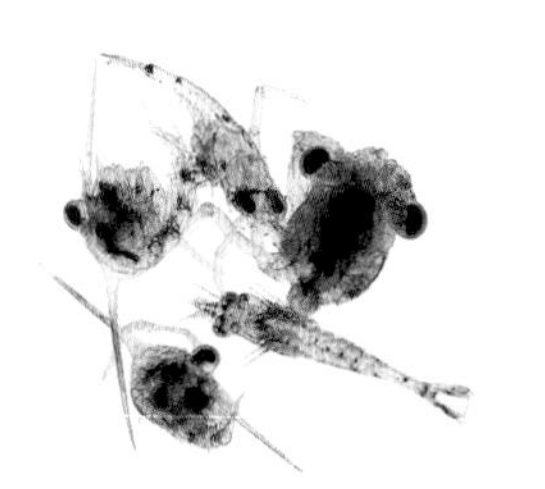

**浮游动物**

这些食物链中最小的动物包括蟹、虾及其他许多动物的幼虫。

**空中捕食者**

许多海鸟，比如这只棕鹈鹕，主要以小鱼为食。

**初级捕食者**

小型鱼类，比如这些凤尾鱼，属于第一级的捕食者（以其他动物为食的动物）。

## 食物链

所有动物都需要食物，来满足生命过程中所需要的能量——生长、发育、繁殖。食物链就是这样一条连接了不同类型生物的关系链。在阳光的照射下，浮游植物不断生长繁殖。这些微小的植物被一些浮游动物吃掉。鱼类，比如凤尾鱼，会把这些浮游生物吃掉，而它们又会被更大一些的鱼类吃掉。这条食物链一直延伸到顶级捕食者才终止，比如鲨鱼。食物链不一定很长，比如有些鲨鱼直接以浮游生物为食。

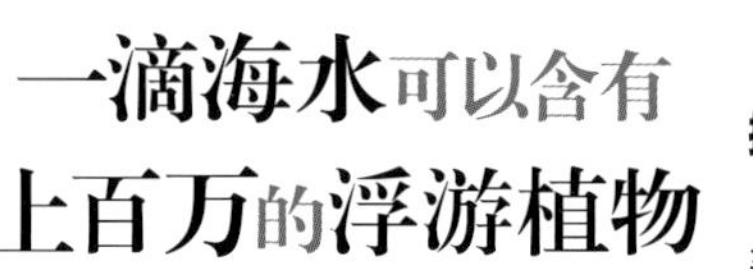

**一滴海水可以含有上百万的浮游植物**

**捕食性鱼类**

较大一些的鱼类，比如鳕鱼，以小型鱼类、蚌、虾、蠕虫等为食。

## 美国海岸边的**鱿鱼捕捞业**让海豹和**海豚**不得不**饿肚子**

### 打破平衡

人类的活动干扰了海洋中的食物链，会造成毁灭性的影响。钓鲨鱼是塔斯马尼亚岛沿海的一项很受欢迎的休闲运动。鲨鱼以章鱼为食，鲨鱼减少导致了章鱼数量的增加。这些章鱼吃掉了大量的猎物（多刺龙虾），因此平衡被打破了。

**章鱼**

章鱼有强有力的喙，能轻松咬碎龙虾、海螺、贝类的外壳。

### 适应环境

**你需要准备：**橡胶手套、两种海藻、两个塑料袋、彩色标签、秤、夹子和线。

用彩色标签标记不同的海藻

保存在塑料袋中

**1 当你到岩石海滩边旅游的时候，**戴上手套，收集两束不同的海藻。其中一种生活在低潮线的水边，另一种在高潮线附近。

择出同样质量的两种海藻

**2 仔细地**分别称量两束海藻的质量。将略重的那束海藻小心地择去一部分，直到和略轻的那束海藻一样重。

**3 将两束海藻**挂在干燥的地方。连续四天每天都称一次重。生活在靠近海水区域的海藻要比靠近海岸的海藻脱水速度更快。

**这说明：**生活在靠近海岸、并且大部分时间都裸露出水面的海藻，要比靠近海洋的海藻更能保持水分。

## **大型鲨鱼**唯一的天敌**就是人类**

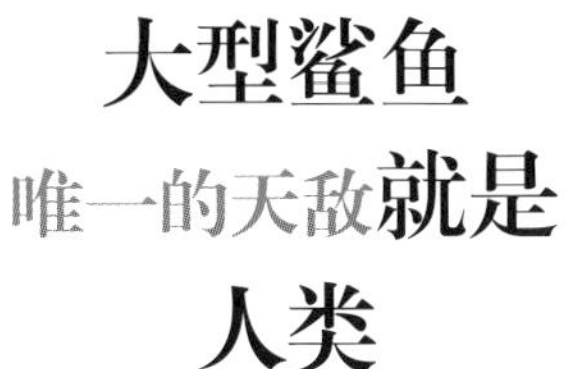

**顶级捕食者**

这只大白鲨是食物链的顶级捕食者。它们只会因为衰老、疾病或是人类的捕杀而死。

# 危险中的珊瑚礁

加勒比海有 **2/3** 的 珊瑚礁都受到了 **过度捕捞**和 **海洋污染**的 **威胁**

珊瑚礁是海洋中丰饶美丽的生境。几千米的礁石就可以蕴含超过3000种物种——从最小的虾米到超过半吨重的大鱼。珊瑚礁是十分巨大的岩石质结构，同时却又非常脆弱。建造了这些礁石的微小生物——珊瑚虫对生存环境非常挑剔。海水必须很浅，阳光可以照射到珊瑚礁上；水温至少在18℃以上；水质必须十分清澈，没有污染。任何环境条件的改变都会威胁到珊瑚礁的生存。

### 活的礁石

一块珊瑚礁中充满了生命。礁石的孔隙为上百种不同的海洋动植物提供了栖身之处，包括珊瑚虫自己。珊瑚礁就是一个完整的生态系统——在这个小小的复杂世界里，清道夫、滤食生物、植食动物、掠食者都依赖于彼此而生存。

### 礁石建筑师

珊瑚礁是由一种叫作珊瑚虫的微小生物的外骨骼堆积而成的。每只珊瑚虫都会分泌石灰岩，形成一个坚硬的外壳，自己就住在里面——觅食时伸展触手，遇到危险就缩进外壳。当珊瑚虫死后，石灰岩质的外骨骼依然存留下来，逐渐积累起来最终形成了珊瑚礁。

脑珊瑚

笙珊瑚

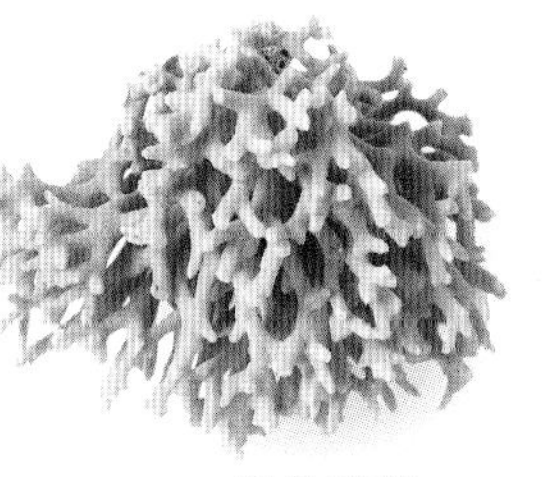
鹿角珊瑚

## 变白的珊瑚礁

珊瑚的颜色来自其中含有的微小藻类。一旦海水温度升高，或者水质受到污染，海藻就会离开，珊瑚礁因此变成了白色（见上图）。如果环境条件不能很快回归正常，珊瑚虫就会死去。水温升高1℃就会触发珊瑚礁变白。专家预测，由于气候变化的原因，近几年每年都会有珊瑚礁变白的现象发生。

## 珊瑚礁市场

珊瑚有着各种各样精美的形状和颜色，每年有几千吨珊瑚被卖给了游客。这位巴厘岛的居民正在收集用来出售的珊瑚。每当一块珊瑚被卖掉，就会有另一块被从珊瑚礁上敲下来，补充到市场上去。而珊瑚礁需要十多年的时间才能恢复原貌。

“珊瑚礁是地球上许多独一无二的动植物的家园，是海洋中的热带雨林。”

世界资源研究所

## 船锚对珊瑚礁的破坏

当观光船只抛锚并固定在海床上时，珊瑚礁会因此受到很大的破坏。虽然礁石的核心部位由石灰质骨骼堆积而成，足够坚固，然而生活着珊瑚虫的礁石表层却很脆弱。

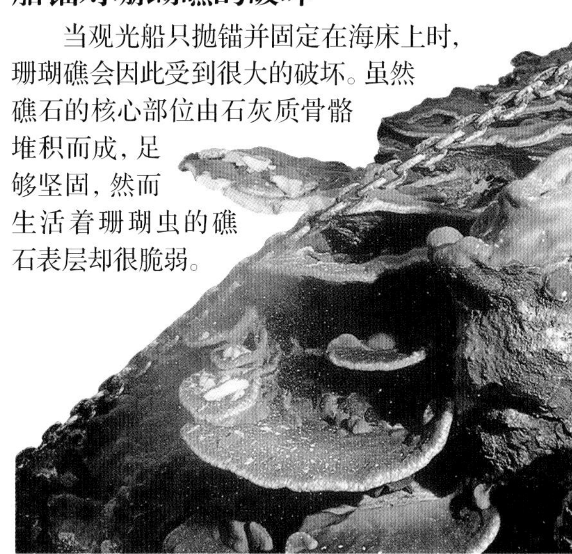

世界上有些珊瑚礁已经存在了250万年

人们一直在开采印度洋中的一些珊瑚礁当作建筑材料

## 行动起来！

如果你在珊瑚礁附近潜水，观赏就好了，不要触摸。不要购买珊瑚、珍稀贝类及其他珊瑚礁生物制作的纪念品。

# 保护 海岸

在陆地和海洋交界的地方，海岸为世界上一些令人着迷的动植物提供了多种多样的生境。但是，海岸也同时吸引了大批的游客——一些来度假，另一些在这里暂时居住。暴涨的游客数量增加了附近海洋的污染。好在如今全世界范围内都有了海滩清理活动组织，这些组织向人们宣传海岸环保的重要性，鼓励每个人都做些有意义的事情。

**海崖**

这里薄薄的土层上生长着短小的草。海鹦和马恩岛剪嘴鸥在海崖顶端的洞穴中筑巢。

**岩石池**

这里是螃蟹、帽贝、海葵、海星的家园。岩石池中还生长着许多海藻。

**沙滩**

成百上千种的蠕虫和贝类生活在这里，它们在沙层下挖掘洞穴，藏身其中。

**岩石滩**

三趾鸥、海鸠、海雀等海鸟在这个狭窄的海崖边缘筑巢。

## 生存之道

海岸可是一片艰苦的生存之地。海边植物必须耐盐，还必须能在流动性强的沙地或是岩石缝隙的少量土壤中扎根。许多植物都有着短短的茎干及软垫子一样厚厚的叶片，以免被猛烈的海风吹干或刮走。为了避开灼热的日光和海鸟的袭击，在退潮后蠕虫和鸟蛤就钻入了厚厚的沙子；帽贝把自己紧紧贴附在岩石上，只把壳露在外面；而螃蟹则躲在海藻潮湿的叶片下。

## 固定沙丘

植物在沙丘流动的表面上很难扎根。但是滨草生长速度很快，根系不仅向下而且向四周延伸。因此，滨草可以在沙丘上生长，固定住沙层，为其他植物的生长奠定了基础。

发达的根系可以固定住松散的沙粒

“我住在美国新泽西州大西洋城附近。我家附近的海滩在这些年改变了很多。在我父母小的时候，海滩还很干净；然而现在海水污染非常严重，常常有死鱼漂浮在海面上。如果你在岸边走一走，一路上会发现空瓶子、塑料杯，甚至还有烟头。我很关心海滩环保，所以加入了“清洁海洋行动”社团做志愿者。我们的努力会让海滩变成一个更干净、更安全、更美丽的地方——不止使生活在这里的动物受益，也包括我们人类自己。”

安娜·哈蒂

## 行动起来！

把饮料罐的六联包塑料包装剪碎后再扔掉。

参与当地或度假地的海滩清理行动。

## 清理海滩

许多国家的孩子都会参与海滩清理行动。比如，详细的海岸调查可以发现主要的垃圾类型及其来源。这些调查结果帮助政府部门制定出更好的环保法规。

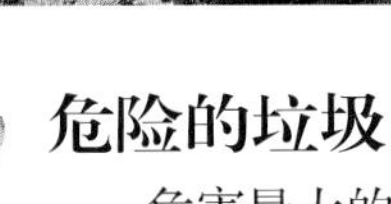

## 危险的垃圾

危害最大的垃圾就是塑料袋和装饮料罐的塑料包装。海龟常常把塑料袋误认为是它们最喜欢的食物——水母而吞食。海鸟及小海豹有时会卡在塑料包装里。

## 海鸟的保护色

许多海鸟的鸟蛋和雏鸟都有保护色，比如这些燕鸥宝宝。它们和鹅卵石的背景融为一体，很难被发现，但有时就会被人踩坏。所以最好远离有鸟儿筑巢的海滩。

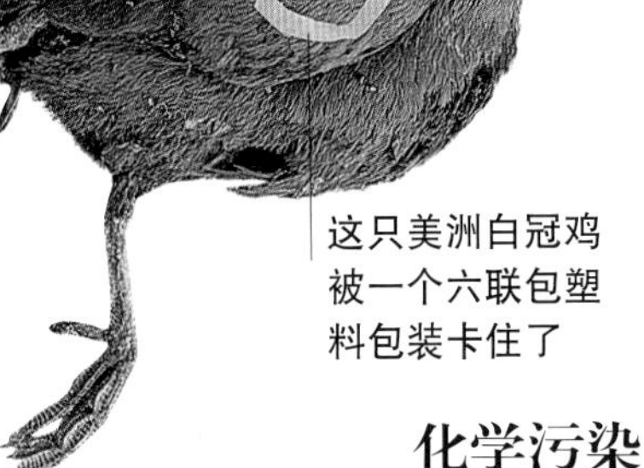

这只美洲白冠鸡被一个六联包塑料包装卡住了

## 化学污染

有时在海滩上会有被人丢弃的装着化学物质的金属桶或塑料罐。这里面可能含有酸或有毒物质，甚至还会释放出阵阵浓烟。这不是日常的海岸垃圾，不要靠近，赶紧告诉你的父母或老师。

# 开发海洋

从古至今，海洋为人们提供食物。现在，人们又从海洋中获得重要的工业原材料：海床深处蕴藏着石油和天然气，海岸砂石中富集着锡和钛矿石，某些海藻能提炼出食品原料，而海水本身可以分离出清洁的饮用水和食盐。在深海海底，散落着许多拳头大小的矿物球，其中富含锰、铜、镍等矿物元素，这些矿藏还没有被开发——但在未来一定是重要的矿产资源。

## 水产养殖业

有些地方的人们在铁丝网箱里养殖鱼类。虽然养殖业降低了野外捕捞的鱼类数量，但还是存在一些问题。比如，残余的饲料引起网箱周围的海藻大量生长，这些海藻会耗尽水中的氧气，引起水生生物死亡。

## 海洋中的能源

我们今天使用的石油和天然气有1/4都来自浅海海底（大陆架）深处。海上巨大的钻井平台用于开采石油和天然气，比如右图中位于北海的钻井平台。平台上的石油工人定期检查是否有石油泄漏，以免危害环境。

## 水草种植业

人工种植海藻是亚洲部分地区的主要产业。日本人比世界上别的地区的人们食用更多的海藻。海藻种植在浅海海边。在菲律宾，人们用海藻制造卡拉胶，这是一种黏稠的食品添加剂，用于制作香肠、酸奶、洗发膏、牙膏和化妆品。

## 海水中的盐

泰国的一个盐场工人正在用耙子把海盐堆成小丘。晒盐是一个缓慢的过程。首先，海水被相继引入一连串浅浅的盐池，经过风吹日晒蒸发水分，海水逐渐浓缩并析出结晶。18个月后，盐池底部就覆盖了一层亮晶晶的白色盐结晶。

**科学家从海绵中提取出了抗癌药物**

**全世界的海水养殖业每年为我们提供超过4800万的海产品**

为了安全，多余的天然气在长长的烟囱中被完全燃烧

## 淡水

全世界大约有1.3万个海水淡化工厂。虽然海水淡化的成本很高，但在沙漠地带这可能是唯一解决淡水匮乏问题的方法。这些海水淡化工厂有2/3坐落在中东地区——右图中的这个工厂位于迪拜。

### 海水为什么是咸的？

**你需要准备：**防水油纸、烤盘、塑料瓶、海水、放大镜。

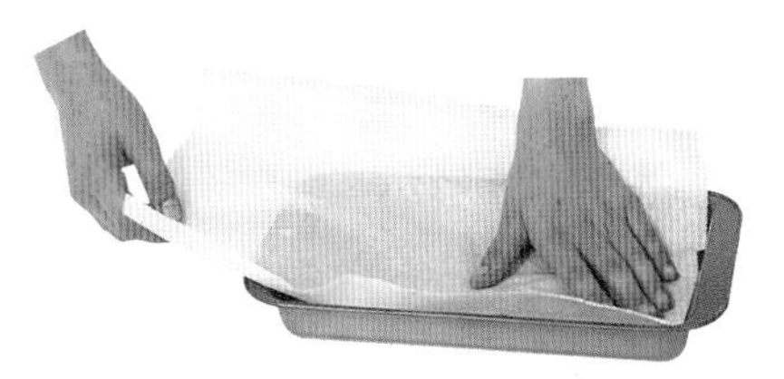

**1 将防水油纸铺在烤盘里，**在烤盘边缘竖起油纸并仔细压好边角，让叠好的纸盘子能盛水。

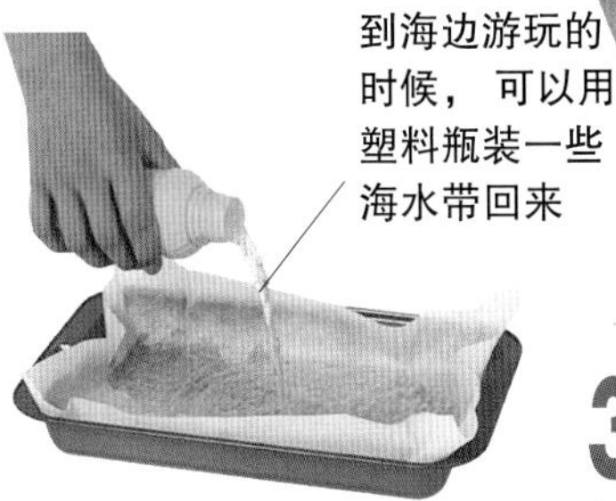

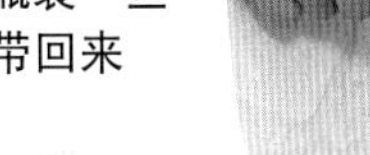

到海边游玩的时候，可以用塑料瓶装一些海水带回来

**2 倒入大约半升海水。**将烤盘放在温暖的地方，比如通风的碗柜里或是向阳的窗台边。

**3 当所有的水分**蒸发后，用放大镜检查油纸上留下的盐结晶。大多数盐结晶都是立方体形状。

**这说明：**海水中含有矿物盐，其中大部分和我们吃的食盐是一样的。

# 观光贸易

现在全世界每年大约有十亿人到海外度假。许多国家都在大力发展旅游业，在那些有着美丽海滩和珊瑚礁的海滨地区，旅游业更是成为当地的支柱产业。但接踵而至的游客也同时带来了许多问题：兴建机场、道路和酒店，提供充足的饮用水，处理大量的旅游垃圾，这些都会给海岸环境造成影响。而且大批的游客也会威胁到当地自然生境和野生动物的生存。旅游业的确是很重要的，但必须经过精心规划。富有责任感的“生态旅游业”也许能够降低游客对环境的不良影响。

**拥挤的人潮**

在夏季，位于英国南部的伯恩茅斯海滩简直就是人满为患——在11千米的沙滩上挤满了超过10万名游客。每天清晨和傍晚，就会有一个由25名清洁工组成的海滩清洁队开动清洁车、手持耙子来清理整个海滩，每天大约能清理超过20吨的垃圾！这种清理海滩的方式成本很高，费时费力。

**缺乏淡水**

位于印度西部海岸的果阿，美丽的沙滩上点缀着棕榈树，是游客的度假天堂。然而这里和其他热带旅游胜地一样付出了代价：拥有青翠茂盛的花园的豪华酒店常常消耗了大量宝贵的淡水资源，留给当地人民的所剩无几。

**一家大型酒店的耗电量相当于3500户普通家庭的耗电量**

**危险的体育运动**

水上冲浪和驾驶快艇充满了刺激的乐趣，但却威胁到了许多野生生物的生存。在有些旅游地区，严格规定了禁止水上运动的保护区域，以免海豹、水獭、海豚及潜水鸟类（鹈鹕和䴙䴘等）等野生动物受到伤害。

“居住在地中海地区的人逐渐认识到为了发展旅游业而耗尽资源、破坏海岸环境是完全不可取的。”

地中海可持续发展战略
联合国环境规划署

海胆

海星

海绵

**你买了什么？**

这片南非的沙滩上摆满了待售的美丽贝壳。如果只是仅仅收集空贝壳来出售，对自然不会有什么影响。但是在许多地区，商贩们肆无忌惮地捕杀活的贝类、海龟及稀有的海星、海胆和海绵。如果你不清楚这些贝壳的来源，就不要购买，否则有可能会触犯法律。

**濒危的物种**

在一片热带海滩上，一只绿色的小海龟刚刚破壳而出。它有可能会被俯冲而来的海鸟吃掉。就算它顺利回到海洋也并不安全。人们为了获得海龟肉和甲壳大肆捕杀成年海龟。雌海龟上岸产卵的时候会遇到更多的危险：有人非法收集海龟蛋，而粗心的游客也可能踏上这片受保护的产卵区。

**行动起来！**

不要采摘野外生长的植物。
不要越过“游客止步”的保护区域，与野生动物保持距离。
不要在海滩上乱扔东西，离开时把垃圾带走。

所有来到伯利兹的游客必须交纳一笔小数额的费用——用于保护自然环境

# 发臭的 大海

几千年来，人们一直都把生活垃圾和农业废料抛进大海。在很久以前，全世界的人口总数不过几百万，这种方式并不会造成问题——垃圾量并不多，海浪和洋流很快就会将垃圾冲散。然而现在则完全不一样了，全球人口达70多亿，垃圾总量惊人，而且其中许多都是非常危险的——工业化学品、未处理的下水道污水，甚至还有核废料。国际法律条文明确规定了不准倾倒入海的物质种类，但要想重新拥有清洁的大海，我们还有漫长的道路要走。

**干净的水源对于所有生命来说都是至关重要的**

### 不再允许

下图是1990年一艘轮船正在澳大利亚的近海倾倒黄钾铁矾（提炼金属锌的副产品），海水被染成了橙红色。这种垃圾排放方式在1997年被全面禁止，澳大利亚海域不再允许倾倒工业垃圾。

矿物废料被倾倒入海后会沉入海底，杀死海床上的生物

**通过轮船的压载水舱，超过150种外来物种被带到了旧金山海湾**

栉水母

### 外来入侵

当轮船卸货时，会将压载水舱灌满海水，来增加船体质量、保持稳定性。在抵达下一个港口时，又将压载水舱排空——连同那些不请自来的海洋“旅客”。右图所示是从北大西洋来到黑海的栉水母，它们在黑海迅速繁殖，打破了当地的生态平衡。

装满低放射性废料的铁桶

## 放射性垃圾

右图所示是人们正在往北海中倾倒低放射性水平的废料，这些垃圾包括在医院和实验室中被放射性药剂污染的衣服和设备。尽管已经不再允许向海中倾倒高放射性水平的废料了，但这种情况还是时有发生。

## 管道排放的污染物

在全球各地，将未处理的下水道污水排进大海的现象比比皆是。这些污水造成海洋中大量细菌繁殖，与其他海洋生物争夺海水中的氧气。污水中还含有导致疾病的病原体。在许多发展中国家没有污水处理厂，因而情况更为严重。

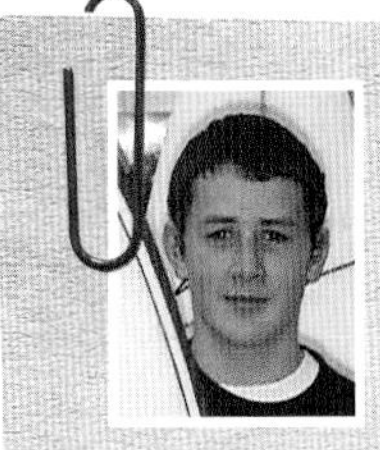

“我住在英国康沃尔北部海岸的圣艾格尼丝城。我的生活就围绕着海洋、沙滩、冲浪……我每天都会去冲浪，干净的海水对我来说非常重要。如果海水被污染了，我和水中的野生生物都会有生病的危险。我参加了“冲浪者抵制污水”环保组织，这个组织从成立起就一直致力于为广大冲浪者维护清洁的海洋。”

布伦南·凯斯勒斯

Brennan Cascelles

**下水道污水中的细菌可以引起致命的疾病，比如霍乱**

## 冲浪者抵制污水

在人口稠密的海滩，有时海水会受到下水道污水的污染而充满细菌。一些人就站了出来呼吁保持海水清洁，然而呼声最高的群体就是冲浪者——他们最容易受到污染的危害。有些政府已经开始制订措施。

**丢弃在海洋里的塑料制品每年会杀死100万只海鸟和10万只海洋哺乳动物及海龟**

## 行动起来！

找一找维护海洋清洁的环保组织。

在下海游泳之前一定要确保海水清洁。

在中国受到海平面上升影响的人口多达7200万

# 上升的海平面

环境学家必须回答的重要的问题之一就是："全球变暖为什么会造成海平面升高呢？"全球气温升高将会造成两大影响。第一，温度升高将会造成海洋扩张，使海平面略微上升；第二，气候的变暖会使两极冰盖部分甚至全部融化，大量的水流入海洋，造成海平面升高。地球在过去的7000年中正在缓慢变暖，但问题是在最近的150年间，人类的活动使这种变暖趋势不断加速。

### 全球变暖

科学家说，如果二氧化碳等温室气体按照目前的速度排放到大气层的话，全球气温将可能在21世纪末升高4℃。在12.5万年前地球就是这么热，那时的两极冰盖要比现在小得多，海平面比现在要高4~6米。

## 冰面上的裂缝

在过去的几年中，南极洲的浮冰层开始出现了裂缝，罪魁祸首就是海洋温度的升高——这对于我们来说是一个警示信号。当浮冰融化之后，海平面并不会改变。但是一旦两极冰盖融化，全世界就会陷入海平面上升的危机之中。

### 融化的冰帽

**你需要准备：**两个玻璃碗、托盘、两瓶没有打开的食品罐头、保温瓶、水、冰块、标签。

**1 将两个玻璃碗中各放入一个食品罐头，**并把玻璃碗都放在托盘上。在第一个碗里加入半碗水，并放入许多冰块，然后在水面的位置做上标记。在第二个碗里的同样位置做标记，然后加水到这个位置。

**2 在第二个碗中的罐头上堆积冰块，**但不要在水里放冰块。你现在就模拟出了一个围绕着“浮冰”的“小岛”及一个覆盖着“冰帽”的“小岛”。

**3 让冰块融化。**你会注意到第一个碗中的水面没有变化，而第二个碗的“海平面”升高了。

**这说明：**当浮冰融化之后，海水量并不会变化；而当陆地上的冰盖融化之后，海水量增多，因此海平面就会上升了。

如果**海平面**升高**3米，伦敦**的一部分城区就会被海水淹没

## 淹没的威胁

联合国政府间气候变化专门委员会（IPCC）预测，如果海平面升高0.5米，海岸附近成百万的居民将不得不搬迁。像尼罗河三角洲、孟加拉国（左图）这样的低海拔地区及马尔代夫群岛这样的岛屿，将会失去大面积最肥沃的耕地。

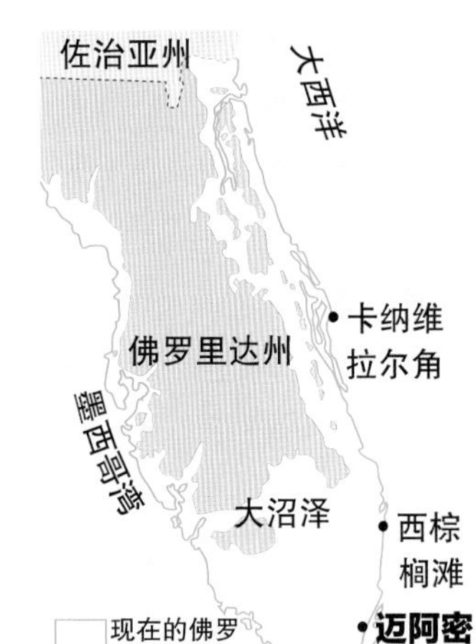


## 消失的城市

全球海岸线边的低洼地区都面临着海平面上升的威胁。一旦海平面上升7.5米，佛罗里达州（左图）的大部分区域都会被海水吞噬，其中包括迈阿密和西棕榈滩。地球上的其他一些著名的城市，比如阿姆斯特丹、孟买及悉尼都会化为乌有。

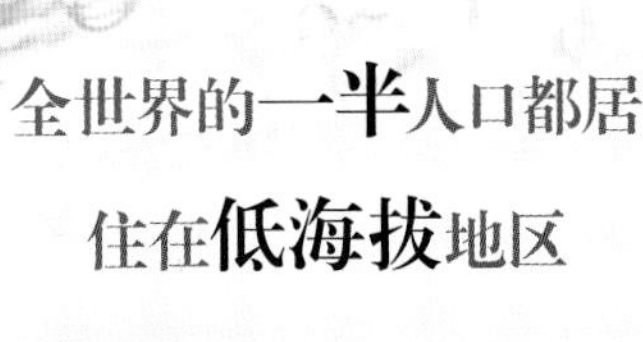

全世界的**一半**人口都居住在**低海拔**地区

## 拦海堤坝

低海拔的发达国家，比如荷兰，已经开始花费重金修筑拦海堤坝了。这些堤坝保护陆地不被海水淹没。一旦海平面上升，这些拦海堤坝必须建造得更高，覆盖更广阔的海岸线。

# 拯救动物

我们和其他动物共同分享地球，它们也需要食物、水及栖息地。然而，人类不断地破坏自然生境、干扰生态平衡，造成了每年数千种动物灭绝。如果这种趋势得不到扭转，在未来的25年内，可能将会有大约1/4的哺乳动物、1/8 的鸟类面临灭绝的危险。

# 生境 *危机*

大多数物种都依赖于特定类型的生境。比如，巨蛤只生活在珊瑚礁区域；世界上最大的树——巨杉只在高山山坡上生长。生境不仅仅为各种各样的动植物提供一个栖身之所，还有它们赖以生存的一切。然而，全世界的自然生境面临着很大的威胁：有的生境被开垦农田、伐木、建造房屋等人类活动蚕食，有的则由于污染、气候变化而受到影响。生境丧失是对野生动物最大的威胁。

“我住在英国。我通过一个慈善组织“善待自然”，领养了一头叫作马蕾卡的大象。马蕾卡八岁了，住在肯尼亚。它是被人们救回来的。那时，一群大象出现在当地村庄附近，一旦大象进入农田或村庄，村民就会杀死它们。当时马蕾卡还是一头象宝宝，它的爸爸妈妈就这样死了。人们把马蕾卡带到了“善待自然”的保育所。”

TJ.昆格丽

## 旅游观光

无论我们去哪里旅游，当地的生境都会受到破坏。这些游客正在南极洲观光——地球上人迹罕至的地区之一。南极洲现在还是全世界最干净的区域，但随着游客数目的增加，情况不久就会改变。

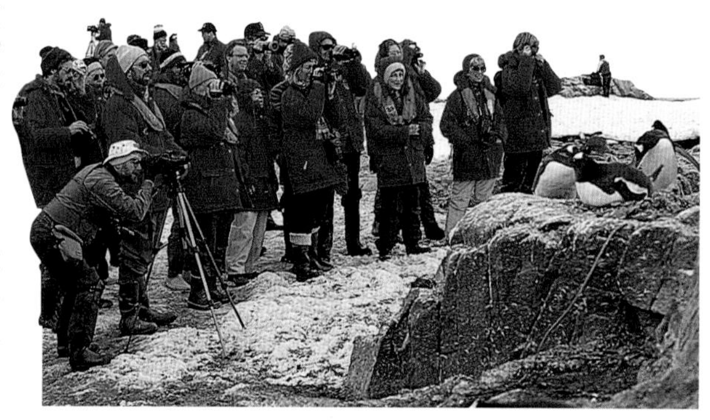

## 北极和南极

两极地区是地球上最后的原始区域，然而极地生境也开始发生了改变。运输石油和天然气的输油管道横跨北极苔原冻土地带；数目不断上升的轮船抵达了南极沿岸；而全球变暖正在融化两极冰盖，对许多野生动物造成了影响，其中就包括企鹅。

阿德利企鹅需要未受污染的海洋才能生存

## 保护区

这些珍稀的亚洲狮正在纳凉。它们生活在印度吉尔国家公园的保护区内。这些亚洲狮依赖森林生境，而大片的森林正面临着开垦为农田的威胁。在世界的许多地区，耕地的缺乏使得保护区很难建立。人类获得更多粮食的同时，意味着许多野生动物无家可归。

**沙漠中的啄木鸟**

这只北美啄木鸟在仙人掌上凿洞做窝。这种巨型仙人掌需要200多年的时间才能完全长成。

## 沙漠中的生命

生活在北美洲沙漠中的植物（右图）非常耐旱，而且比其他生境中的植物生长速度慢得多。这些沙漠植物一旦受到破坏——比如被跃出路面行驶的汽车或摩托车碾过——需要花费数年的时间才能完全恢复。而依赖沙漠植物生存的沙漠动物会因此受害。

**沙漠中的陆龟**

这只珍稀的陆龟生活在美国西南部和墨西哥北部地区。它们以沙漠植物为食，厚厚的背甲可以挡住炽热的阳光暴晒、隔绝炎热。

## 湿地

这座位于佛罗里达州的码头曾经是一片海滨湿地——美洲鳄和许多涉禽的天然栖息地。继森林之后，湿地成了全世界最受威胁的生境。有些湿地已经完全被破坏了，但也有一些如今受到保护湿地野生生物的国际合约保护。

## 珊瑚礁

在这片位于巴哈马群岛周围的珊瑚礁中，一个塑料袋罩住了鹿角珊瑚。污染是破坏全球珊瑚礁的头号元凶。挖掘泥沙和捕鱼也会破坏珊瑚礁。海洋温度升高——全球变暖的结果——影响了珊瑚礁中的藻类生长，破坏了生态平衡。

不要购买珊瑚或是贝壳——它们可能是直接从珊瑚礁中收集的活体制成的。
不要进入保护区的禁入区。

## 草原

美洲大陆的整个中西部地区和其他大洲的许多区域，曾经都覆盖着郁郁葱葱的天然草原。然而在最近的100年间，大多数草原被开垦成了农田，许多草原动物——比如这只草原土拨鼠陷入无家可归的境地。

这种草原土拨鼠在地下挖洞做巢

**非洲大蜗牛**

这种巨大的蜗牛作为一种食物来源被引入太平洋群岛地区饲养，逃逸到野外的个体很快繁殖起来，破坏庄稼，危害严重。

### 外来物种

非洲大蜗牛及玫瑰蜗牛在引入塔希提岛和摩尔阿岛之后，造成了灾难性的后果。外来物种可以通过不同的方式进入：玫瑰蜗牛是人们有意引入的；有些动物，比如陆地蜗牛，则完全是自然逃逸出来的；还有些动物通过藏在轮船的货物中被意外带入。

**吃蜗牛的蜗牛**

为了控制非洲大蜗牛的数量，这种肉食性的玫瑰蜗牛被人们引入太平洋群岛。

**本地蜗牛**

然而不幸的是，几种本地的太平洋帕图拉蜗牛由于捕食者玫瑰蜗牛的出现而灭绝了。

甚至引入家养**宠物**，比如**猫咪**和**狗狗**，都会给当地的野生动物带来一场**灾难**

# 新物种，新威胁

将一个物种引入其过去从未出现过的生境中，常常会给本地生物带来灭顶之灾。虽然野生动物能够适应与其他物种分享环境，但全新的外来动物常常会成为过于强大的捕食者，或是贪婪的植食动物，从而干扰当地的生态平衡。外来入侵对那些与世隔绝的小岛危害尤其严重，因为岛上的本土生物是独立进化的，无力和强有力的外来动物竞争。人们已经开始保护这些脆弱的小岛“居民”。

**可怕的狐狸**

在澳大利亚，外来狐狸大肆捕杀珍稀的当地动物，比如食蚁兽、兔耳袋狸和白尾巢兔鼠。

### 没有一个逃得掉

捕食性哺乳动物，比如狐狸、白鼬、老鼠，甚至家猫，都是非常有破坏性的外来动物。岛屿动物的进化历程中捕食者很少，因此不怎么会躲避、逃跑或飞翔。

**偷渡的老鼠**

黑鼠作为轮船的偷渡客被带到了世界各地。它们潜藏在甲板下，乘轮船停泊时伺机上岸。

**饥饿的白鼬**

白鼬到达新西兰之后，几乎将南秧鸟——一种不会飞的大型鸟类——斩尽杀绝。

犀牛鬣蜥难以找到藏身之所

## 无处可躲

在引入自由放牧的大型家畜之后，本地物种常常会受到影响。比如伊斯帕尼奥拉岛的犀牛鬣蜥原本喜欢栖息在灌丛中，然而新引入的驴和山羊却将这些宝贵的灌丛踏平啃光。

## 新的竞争对手

面对在澳洲大陆上疯狂繁殖的野兔，兔耳袋狸节节败退，已经在澳大利亚部分地区绝迹了。野兔占据了兔耳袋狸的巢穴，还吃掉了大量的青草。像野兔这样的外来物种，并不伤害或捕杀本土动物，但通过与它们争夺食物和栖息地，也会造成严重后果。

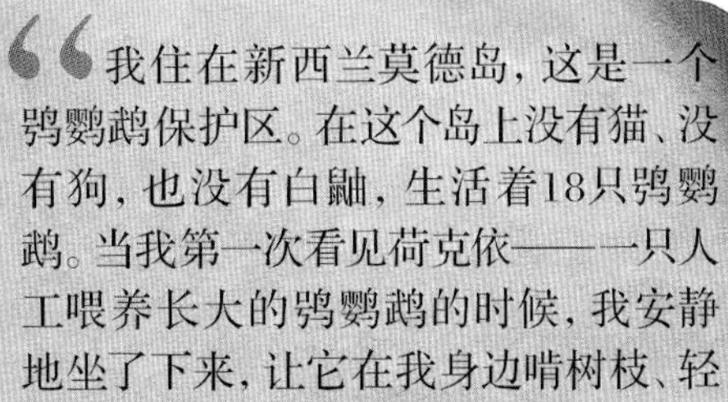

“我住在新西兰莫德岛，这是一个鸮鹦鹉保护区。在这个岛上没有猫、没有狗，也没有白鼬，生活着18只鸮鹦鹉。当我第一次看见荷克依——一只人工喂养长大的鸮鹦鹉的时候，我安静地坐了下来，让它在我身边啃树枝、轻轻咬我的手指。到了晚上，它会自己爬到天花板上去，听起来好像在跳上跳下。后来荷克依被送到了金鱼岛，在那里它会在野外自由自在地生活。我再也没见过它。它还没生蛋，不过我希望它很快就有自己的鹦鹉宝宝。”

萨曼塔·佩顿

## 基因杂交

在埃塞俄比亚，珍稀的埃塞俄比亚狼正面临着一种特殊的威胁。野化的家犬进入了这些狼群的栖息地，这两种亲缘关系很近的动物开始彼此交配繁殖。用不了多久，基因的混交就会造成真正纯种的埃塞俄比亚狼永远消失。

**外来动物常常吃掉本地动物的蛋和幼体**

鸮鹦鹉在晚上觅食，这时捕食者很难发现它们

## 紧急救助

鸮鹦鹉是一种产自新西兰的不会飞的大型鹦鹉。人们正努力将这种珍稀鸟类从灭绝边缘拯救回来。动物保护学家将仅剩的个体转移到附近的岛屿上去，那里没有捕食者，而且方便动物保护学家对它们进行观察和研究。现在全世界的野生鸮鹦鹉不到100只。

如果**自然生境**
没受到**破坏，**哪怕遭到过度**狩猎**
的动物种群也会自然**恢复**

# 野味的诱惑

从诞生那天起，人类就开始捕猎野生动物作为食物。早期的捕猎对野生动物种群影响很小，因为人类正如自然界中的其他捕食者一样，数量并不多。但随着人口的激增，商业化狩猎变得越来越普遍，对自然界的压力也日渐增加。现在我们吃的大多数肉类来自家养动物，但是在许多国家，野生动物依然是肉类的重要来源。在那些野生动物受到威胁的地区，生物保护学家正在呼吁大众尽量少将野味搬上餐桌，来拯救惨遭屠杀的野生动物。

## 行动起来！

支持那些致力于减少滥杀乱猎的保护组织。
通过野生动物保护组织（如世界自然基金会），领养一只小动物。

### 养家糊口

野生小羚羊是非洲中部地区人们的常见肉类来源。为了获得丛林野味的大肆猎杀，已经威胁到了许多野生动物，甚至包括鳄鱼和黑猩猩。猎人为了养活全家人而捕猎。在有些地区，整个森林里可供人食用的动物都被捕杀殆尽。

### 容易捕捉的目标

几内亚的维多利亚凤冠鸠由于人类的大肆捕杀而受到威胁。这种鸟类可以长到80厘米长，是世界上最大的鸽子。由于大部分时间都在林地上觅食，它们成了猎人容易捕获的目标。

## 仪式性的杀戮

在苏格兰北部的法罗群岛，人们每年都会将成群的领航鲸围困到浅海湾大肆捕杀。过去这种每年的捕猎为当地居民提供了赖以为生的食物；而在今天，人们有了丰富的食物来源，但一些当地居民还是保留了这个传统习俗。

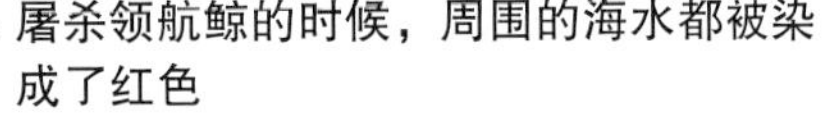

屠杀领航鲸的时候，周围的海水都被染成了红色

## 偷盗乌龟蛋

在东南亚，一种叫作潮龟的淡水龟在上岸产卵时会被人捕获。人们还会将它们产下的蛋挖出来作为食物，使得这种爬行动物的濒危境况雪上加霜。现在，当地的一些海滩和河岸在繁殖季节已经受到了保护。

## 饲养野生动物

在非洲南部地区，人们普遍饲养鸵鸟来获得肉类。鸵鸟养殖场也开始在世界各地安家落户。人工饲养野生动物使得野生种群不会受到威胁，是一种很好的解决办法。

小鸵鸟必须精心饲喂，才能健康成长

在中美洲，**鬣蜥**作为**食物**而被大肆猎杀；如今人们开始**笼养鬣蜥，**保证**野外种群数量**不会下降

## 及时的保护

美洲原住民数千年来一直捕猎北美野牛为食。然而，到了19世纪，欧洲移民者几乎将这些动物斩尽杀绝——曾经有6000万的野外种群最后只剩下1000头。人们开始保护剩下的北美野牛，数目逐年上升，现在已经有超过2万头了。

“今天老虎的幸存归功于中国禁止虎产品的交易。”

世界自然基金会

# 毛皮的诱惑

**老虎**
几乎全身每个部位都可以入药或是制成奢侈的装饰品，包括眼睛、胡须、毛皮和骨头。

许多动物被人类猎杀并不是为了吃它们的肉，而是为了得到它们的皮、毛、角、壳或其他部分。这些动物制品被广泛销往世界各地，作为装饰品、传统医药的配料、时尚服装业的原材料。这些动物制品贸易的牺牲品包括一些濒危物种：大型猫科动物、大猩猩、犀牛、鳄鱼及海龟等。全世界的许多国家已经制定了法律法规，控制这些动物制品贸易，但是保护法执行起来并不容易。

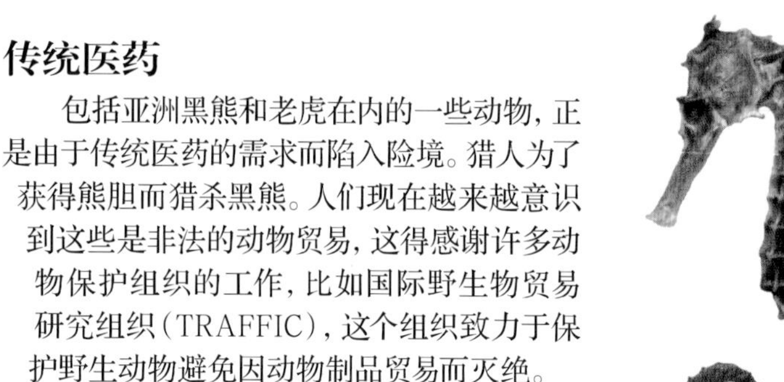

## 传统医药

包括亚洲黑熊和老虎在内的一些动物，正是由于传统医药的需求而陷入险境。猎人为了获得熊胆而猎杀黑熊。人们现在越来越意识到这些是非法的动物贸易，这得感谢许多动物保护组织的工作，比如国际野生物贸易研究组织（TRAFFIC），这个组织致力于保护野生动物避免因动物制品贸易而灭绝。

## 代价高昂的药剂

每年全世界有2000万只海马被晒成海马干，这是一味传统的中药。这些海马的野生种群数目在近年来急剧下降。在南美洲的浅海地区，海马数量下降了90%。

**赤狐**

这只赤狐的一只腿被捕猎夹夹住了，它得忍受几个小时的惊恐不安、饥渴和剧烈疼痛，直到最后被猎人发现。

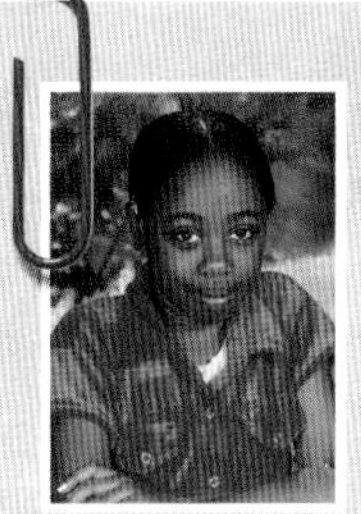

“我的名字叫阿提莎，住在美国的芝加哥。我很自豪自己成了善待动物组织（PETA）里年轻的一员。我是一个素食者，而且我一直都很反对让动物在马戏团表演、为了毛皮或是其他部分猎杀动物。我加入善待动物组织是因为我觉得现在人们对待动物越来越残忍粗暴。动物的生命掌握在我们手中，我们必须负有责任感。每个人都应该为世界的和平而努力，结束那些对动物的暴行。”

阿提莎

## 时尚的牺牲品

近十年来，南美栗鼠一直因为它那柔软美丽的毛皮而被人类捕获。时尚服装界对于动物毛皮的需求，使许多珍稀野生哺乳动物陷入威胁。现在已经出现了笼养的毛皮动物，但是反毛皮组织认为这些养殖动物也遭到了虐待。

## 动物制品

很难相信竟然会有人买鳄鱼的头骨（上图的左上方）。然而，图中的所有物品都是海关从人们的度假屋中没收的。这些旅游纪念品来自那些濒危的野生动物。没有购买就没有杀戮，请不要购买这些野生动物制品。

由于鳄鱼皮**贸易**，
**暹罗鳄**在**东南亚**部分
地区**绝迹了**

## 海关的查获

这些准备从巴西走私出境的美洲豹毛皮被官方查获。多个国家签署的《濒危野生动植物种国际贸易公约》（CITES）限制了动物和动物制品贸易，阻止濒危动物的走私贸易，保护野生动物。但还是有人为了获得高额利润，不惜铤而走险。

**许多国家已经颁布了保护法，控制珍稀动物和进口动物的贸易。**

# 宠物贸易

广受欢迎有可能使野生动物陷入危险之中。许多人喜欢养奇特的异国动物作为宠物或是收藏品，这种宠物市场的兴盛造成一些野生动物的数量下降。珍稀动物在野外被捕获，装在狭窄的笼子中经过长途跋涉被运到发达国家，然后被非法出售。严格的法律条文和地下调查行动组织是打击非法宠物贸易的两大利剑。没有买卖就没有杀戮，作为购买宠物的消费者，也应当确保动物的来源是合法的。

美国的一个调查行动小组——**变色龙行动**，成功破获了许多走私**爬行动物的非法贸易活动**

**红膝狼蛛**
这些产自墨西哥的蜘蛛是很受欢迎的宠物，然而正是由于宠物贸易，红膝狼蛛的野生种群数量正在下降。

### 肆无忌惮的捕猎者

红膝狼蛛和七彩文鸟是非法宠物贸易的两种牺牲品。动物越是珍稀，饲养要求就越高。偷猎者从鸟巢中抓走幼鸟，挖开蜘蛛的巢穴捉住它们。

**笼中之鸟**
在澳大利亚，野生七彩文鸟的数目急剧下降，部分归因于大量野生七彩文鸟作为宠物被捕获、出售。

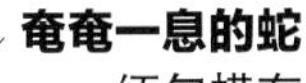

**奄奄一息的蛇**

缅甸蟒有时会被藏在行李箱里走私出境，有时成百条幼蛇会被塞在一个袋子中。

## 走私业的牺牲品

这些金刚鹦鹉就是在这样拥挤的环境下被从南非走私出来的。在2007年，欧盟为了防止禽流感传播，禁止了野生鸟类的进口。在此之前，90%的野生鸟类贸易在欧洲进行，这一禁令挽救了许多野生珍稀鸟类的生命。

## 另类宠物

许多爬行动物，比如这条缅甸蟒，被运输到离自己的家园很遥远、环境条件大相径庭的地方作为宠物。爬行类宠物需要特殊的光照、适宜的食物及温暖的环境温度。许多主人就是因为这些特殊的宠物需要过多的照顾，而疏于照料甚至遗弃它们。

凤尾蝶

亚历山大女皇鸟翼凤蝶

**至少有58种鹦鹉由于宠物贸易而处于危机之中**

## 养殖供应

巴布亚新几内亚的村民建立了毛虫花园，在那里培育出大量美丽的鸟翼蝶，以供出口。人工饲养满足了市场需求，还不会危害野外种群。

## 行动起来！

只养那些你可以照料的宠物——来自热带地区的宠物需要特殊的环境条件，而且寿命也很长，如果你想要喂养的话必须做好准备。与反对非法走私野生动物的组织联系，看看你能帮上些什么忙。

## 及时援助

位于婆罗洲的西必洛人猿保护中心，收留了许多走私案破获后没收的红毛猩猩。在保护中心，这些红毛猩猩被精心照料，直到它们能够返回森林中的家园。让这些红毛猩猩重返大自然并不是一件容易的事情。被援救下来的猩猩们常常健康状况不佳，受到惊吓，并远离它们原来的栖息地。

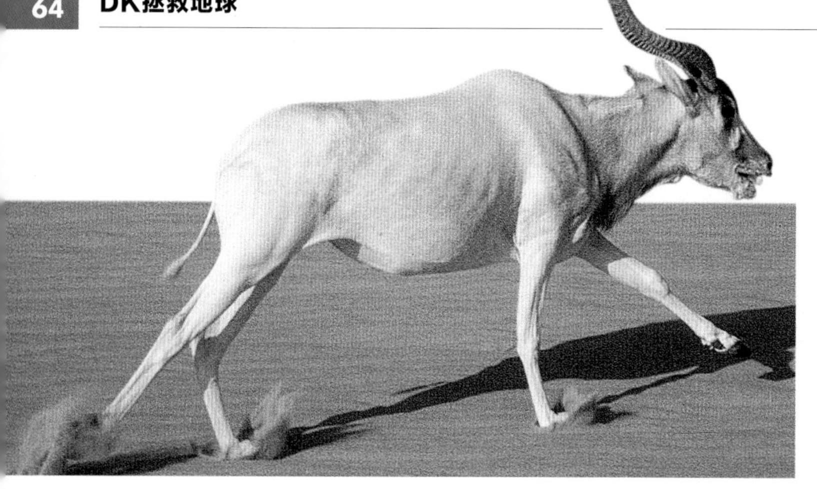

有控制的狩猎可以拯救那些濒临灭绝的动物物种

**穷追到底**

人们为了获取珍贵的羚羊角而大肆捕杀曲角羚羊。经过人们多年的狩猎之后，北非的沙漠中如今只剩下了不到200只野生个体。虽然曲角羚羊奔跑速度很快，但是却逃不过开着汽车追逐它们的猎人。生活在这片开阔地带的有蹄类动物如今依然处于偷猎的威胁之下。

**猎杀**一头大象需要支付**6000英镑**购买**许可证**

# 狩猎的爱好

**狩猎收入**

这个猎人在津巴布韦合法猎取了一头南非大水牛。南部非洲的许多国家都允许在自然保护区内的合法狩猎，这样保护区可以获得一部分收入。游客为他们的战利品掏钱。这些钱一部分会返还给保护区，作为保护自然生境的经费。

狩猎是一项充满刺激的休闲活动，古代的皇室贵族早就开始了这项娱乐。现在，许多人由于兴趣爱好而去打猎或钓鱼。这种狩猎活动不一定会损害野生动物种群，但有些人还是认为为了娱乐去杀死别的动物是不人道的。无止境的滥杀野生动物确实是非常残忍的，而且会造成珍稀动物灭绝。有些动物保护学家认为在自然保护区中有控制的狩猎有助于保护自然生境及生活在其中的生物，甚至包括被猎取的动物——这是因为控制式的狩猎可以带来更多的用于保护野生动物的资金。

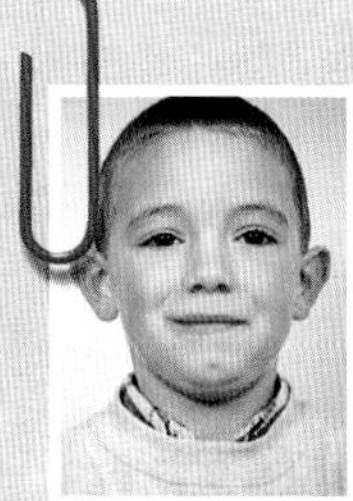

“我住在意大利的特雷弗城。透过我的卧室窗户，能看见许多鸟儿——小的像知更鸟、啄木鸟、鸽子，大的比如丘鹬、野雉等。距离我家几千米之外有鹳在做窝。在繁殖季节，我常常能听见枪声，看见那些带着猎枪和猎狗的猎人。我希望鸟儿都藏在我家的花园，猎人们什么也发现不了。我喜欢鸟儿，因为它们能在天空中自由自在地飞翔。也许有一天这里就禁止打猎了，那时候会有更多的鸟儿出现在我家周围。”

乌拉森多·拉罗图

Alessandro Carloni

## 毒弹

当猎人用枪打鸟类的时候，常常会选择铅霰弹。在猎人开枪之后，许多小铅弹就散落在地上。有些鸟类（比如野鸭）会把这些小铅弹当成粗沙砾吃下去，因此而中毒。在有些地区已经禁止用铅霰弹狩猎了。

**在马耳他每年大约有10万只鸟类被猎杀**

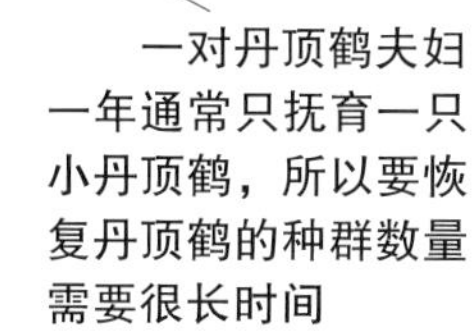

一对丹顶鹤夫妇一年通常只抚育一只小丹顶鹤，所以要恢复丹顶鹤的种群数量需要很长时间

## 成功的例子

在20世纪20年代，来到日本的欧洲旅行者大肆猎杀丹顶鹤，造成了这些鸟类濒临灭绝边缘。当时野外仅存20只丹顶鹤，之后就颁布了禁止捕杀丹顶鹤的法律条文。目前，全球的丹顶鹤数目已经升至2000只左右。人们态度的改变在挽救因过度狩猎而陷入危险的濒危动物方面起到了重要作用。

## 休闲渔业

休闲钓鱼在有些地区成了很大的一项产业，比如夏威夷。钓鱼是大众广泛接受的一项休闲运动，但如果不按规定乱捕滥杀的话，也会造成鱼类数目下降。在美国，珍稀鱼类受法律保护，比如条纹鲈鱼、拿索石斑鱼、鲟鱼等。

**棱皮龟**
生活在温暖的热带海域。估计仅存2.5万~3万只雌性。常常被渔网困住，由于其肉和蛋的美味被人们捕捉，也容易因吞食塑料袋而死亡。

**鲟鱼**
具体现存数量不详，但现在已经在欧洲28个国家绝迹了（曾经有分布），其中包括：西班牙、俄罗斯、冰岛。

**黑犀牛**
分布在中非和南非。估计仅存约5500只。常常由于犀牛角被人们捕捉（用于药材），栖息的生境也被大片开垦成农田。

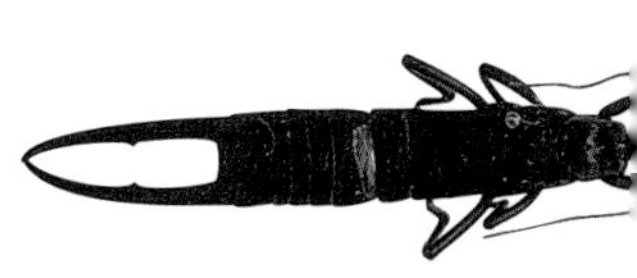

**圣赫勒拿蠼螋**
生活在南大西洋的圣赫勒拿岛。在1967年被人们最后一次看见，科学家怀疑这种昆虫已经灭绝了。

# 濒危动物

**每天有十几种昆虫灭绝**

在全世界，野生动物面临着日益严重的生存危机。了解哪些物种受到的威胁最严重及如何去帮助它们，是当今生物学家最重要的工作。许多濒危物种受法律保护，严令禁止狩猎及买卖。科学家甚至将一些极度濒危动物在笼养条件下繁育，然后再将人工繁育的个体放归大自然。但是对于大多数野生动物来说，最好的保护就是未受破坏的栖息地。如果动物的家园没有受到破坏，它们会照顾好自己的。

**失去了家园的克隆熊猫**

大熊猫可能是世界上最著名的濒危动物了。它们生活在中国西南山区的竹林中，而这片生境正在被不断扩张的农田和村庄所占据。一些科学家认为熊猫可以通过人工克隆恢复种群数目。然而没有竹林生境的话，克隆熊猫也无法在野外存活。

巴厘岛八哥
生活在印度尼西亚的巴厘岛，估计动物园中仅存1000只，而野外仅存不到10只。

## 红皮书

濒危物种会受到世界自然保护联盟（IUCN）的密切关注。这个组织会定期发布濒危动植物的"红皮书"，评估这些物种的受危程度。左边这五个物种位于"极危"名单上——受危程度最高的名录。如果不立刻采取措施，这些物种很快就会灭绝。

## 数数吧

利用这个吊在热气球下的充气皮筏，科学家正在研究西非森林树冠层的野生动物。他们将统计出生活在树上的生物种类及有多少种正受到环境改变的威胁。通过类似这样的研究方式，科学家们发现了许多人类从未见过的生物物种。

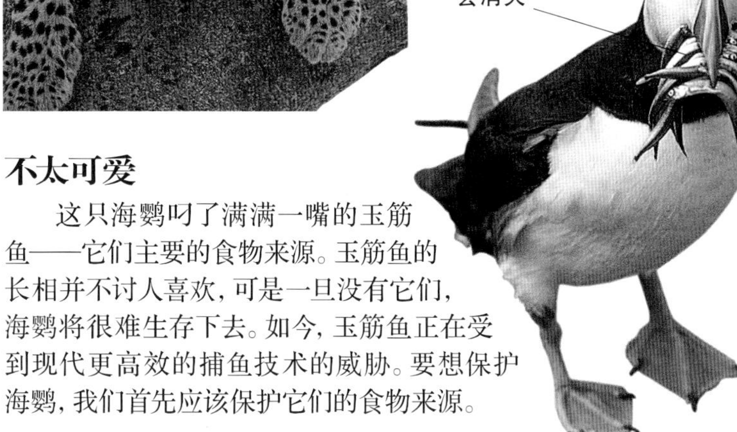

## 美丽的猫科动物

猫科动物非常美丽、极富魅力。当它们受到威胁时，很快就能登上头条新闻，获得大笔的救助资金。这只美洲豹虽然也属于受危物种，但还没被逼到灭绝的边缘。而它的近亲老虎就没那么幸运了，它们可能很快就会在野外灭绝。

如果这些玉筋鱼灭绝了，海鹦也会消失

## 不太可爱

这只海鹦叼了满满一嘴的玉筋鱼——它们主要的食物来源。玉筋鱼的长相并不讨人喜欢，可是一旦没有它们，海鹦将很难生存下去。如今，玉筋鱼正在受到现代更高效的捕鱼技术的威胁。要想保护海鹦，我们首先应该保护它们的食物来源。

## 安全之地

这种大蜥蜴是来自新西兰的一种珍稀爬行动物。它们正受到外来物种的威胁——特别是老鼠，会吃掉大蜥蜴的蛋和幼体。现在，大蜥蜴只生活在30个远离大陆的小岛上，那里的老鼠不太多。

科学家相信现在每年有**5万**种物种**灭绝**，我们正处在一次生物**大灭绝**的中期，**恐龙**也就是在这样的一次生物大灭绝中消失的

## 行动起来！

加入一个野生动物保护组织。
不要购买从野外捕捉的动物当作宠物。
不要去看野生动物表演。

# 自然保护区

国家公园、自然保护区及其他保护区是专门设立出来、用于保护该地区自然生境的陆地或海洋，这是野生动物最后的庇护所。保护区的工作人员认真照料着这里的自然环境和野生生物。由于保护区保护的是整个生境，因此受益的物种很多。但是，当地人并不是很欢迎保护区的建设，因为这意味着不允许他们利用保护区的土地了。

### 多种多样

位于美国加利福尼亚州的约塞米蒂国家公园占地约3000平方千米，是许多珍稀野生动物的家园，比如美洲狮、黑熊和乌林鸮。但是，池塘、林地、草地类型的保护区也同样重要。

到一个自然保护区去，看看能不能加入志愿者行列，帮助保护区做一些事情。

了解更多的动物保护组织。

### 大象问题

国家公园在非洲象保护计划中起到了重要的作用。在有些国家公园里，象群数量急剧上升，甚至开始破坏公园的植被。有时保护区工作人员不得不捕捉一部分大象，来减少象群数目。

### 成功的例子

南美洲安第斯山脉里设立的国家公园，已经成功挽救了濒危的小羊驼——一种骆驼的近亲。在1965年，人们为了它们的皮毛而大肆捕杀羊驼，全世界只剩下6000只小羊驼。禁止偷猎后，如今它们的数目上升到了10万只。

## 公园和当地居民

在马达加斯加的一个自然保护区里，这名导游正用食物将一只环尾狐猴引诱到游客跟前。像这样的保护区可以为当地人提供旅游业的工作机会，他们在保护区内也不能再像过去那样依靠狩猎或是农业为生。生物学家一直在努力解决保护区为当地居民带来的困难。

**动物守卫**

一些曾经的猎人现在成了保护区的守卫。

**现在全世界有大约5万个国家公园和自然保护区**

“我住在南非开普敦。上周我刚刚去过毕林斯堡国家公园。我们看见了黑斑羚、角马、跳羚及各种各样的鸟类。然后，在我们面前出现了一头大象，它一点儿也没发现我们，还在吃东西，还把小树撞倒呢！这只庞然大物会永远留在我的脑海中。最后，我们看见了河马。我用望远镜看见它们在水里玩耍。我在毕林斯堡国家公园度过了愉快的一天！我觉得我们应该一起努力，保护这些野生动物，让人们在将来也能看见它们。”

玛雅·斯科尼

Maya Schkolne

## 非常措施

这个全副武装的守卫来自肯尼亚，这样的武装力量在一些保护区来回巡逻，防止有人非法偷猎野生动物。这些极端措施也表明了偷猎分子有多么猖獗。在有些地区，为了建设自然保护区，整个村庄都要迁出，这引起了当地村民的不满。

**公园中的野生动物**

大多数非洲象现在都生活在国家公园里，比如上图中坦桑尼亚的塞伦盖蒂国家公园。

**新加坡的乌敏岛自然保护区成功挽救了濒危的果蝠，使它们免于灭绝**

# 动物园的争论

### 大熊猫之争

人们一直在争论是否应该把大熊猫放在动物园中。它们是憨态可掬、广受欢迎的展览动物，曾经一度被人们从野外捕捉回来，放在动物园里供人观赏。现在，大熊猫濒临灭绝，而动物园里的人工繁育也许能拯救这个物种。但是在圈养条件下繁殖大熊猫非常困难。

从古代开始就有了动物园，如今全世界已经有超过1万个动物园。多年以来，生物学家和动物爱好者一直致力于改善动物园中动物的生活条件。许多动物园已经拥有了较为完善的动物饲养环境，可是还有很多的动物园条件恶劣。现在，人们依然在激烈地争论着动物园存在的目的，有些人坚信无论是何种方式和目的，圈养动物都是不对的。

**行动起来！**

联系一个致力于改善动物园饲养环境的组织，了解一下他们的工作。

领养一只动物园的动物——你的资助有助于照料这只动物，同时也会学到许多关于这种动物的知识。

**至少有20种动物是在动物园中生存下来并免遭灭绝的**

### 新式动物园

许多现代动物园为动物提供了天然、开阔的围栏环境，有供攀爬的树木，也有供藏身的隐蔽所。像河马这样的大型动物，可以集成小群群居，如同在它们的天然栖息地中一样。但是就算是如今，大多数动物园中的动物依然住在牢笼中——光秃秃的水泥地面和冷冰冰的铁栏杆。

**自由自在的犀牛**

在美国圣地亚哥野生动物园，犀牛可以在一片类似天然栖息地的开阔围栏中漫步。

## 娱乐还是教育

过去在动物园里，常常可以看到穿着衣服的黑猩猩为游客表演。现在，越来越多的动物园不仅仅是个休闲娱乐的地方，还增加了教育功能。这些动物园向游客展现这些动物的自然行为，并介绍有关野生动物保护的知识。

> “我们自己的未来取决于我们对其他生物的保护。”
>
> 国际动物园观察组织

## 保存在动物园中

普氏野马是家养马的祖先。如果不是在欧洲、北美等地的动物园中保留了一部分种群，野马早就灭绝了。实际上，普氏野马于1968年在野外灭绝，但几十年前就在动物园中建立了圈养种群。普氏野马在动物园中繁育了14代，有些个体后来被放归东欧的大自然。如今全世界大约有2000只普氏野马。

实验

### 潮虫的世界

**你需要准备：** 一只旧鞋盒、剪刀、保护手套、潮湿的树叶和泥土、棉花团、大约10只潮虫*——你可以在屋外的石块下、花盆下、枯死的树叶堆中找到它们。

**1 将鞋盒的盒盖剪成两半。** 戴上保护手套，抓一把潮湿的树叶和泥土，放在鞋盒的一端，在另一端放上棉花团。

**2 小心地**把潮虫放在鞋盒中央，把半个盒盖盖在树叶和泥土的那端。

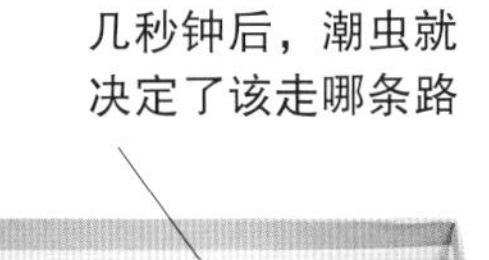


**3 把盒子**放在一个光线充足的地方。潮虫应该都会迅速跑到鞋盒中黑暗、潮湿的那一端。

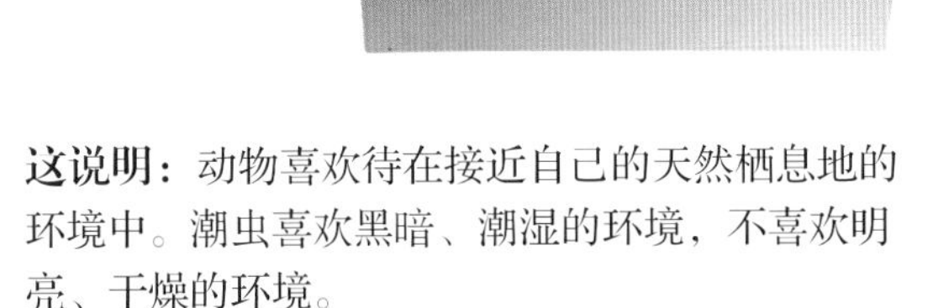

**这说明：** 动物喜欢待在接近自己的天然栖息地的环境中。潮虫喜欢黑暗、潮湿的环境，不喜欢明亮、干燥的环境。

*在实验结束以后，把潮虫放回发现它们的地方。

## 动物园的拯救计划

由于人们偷猎鸟蛋加上杀虫剂的毒害，加利福尼亚秃鹫差点就在野外灭绝。不过现在，这种大鸟又能在天空自由翱翔了。这多亏了美国加利福尼亚动物园在园内饲养秃鹫，然后又放归大自然。动物园在野生动物保护中发挥了重要作用。

# 拯救食物

为地球上的所有人生产出足够的食物同时又不损害环境，这是一个真正的挑战，特别是富裕的人们还想吃更多的肉、更丰富的菜肴。公平地分配食物也是一项困难的工作。现在，发达国家的人们正在大吃大喝；而在许多发展中国家，还有成千上万的人根本吃不饱肚子。

# 我们的食物

## 空袭

一架飞机掠过美国加利福尼亚州的一片农田上空，向下面的庄稼喷洒杀虫剂。杀虫剂能提高庄稼的产量，但也会存在副作用：不仅会消灭害虫，也会杀死益虫，而且这些小虫子的尸体也会混入我们的食物。

科罗拉多甲虫的幼虫

### 害虫警报

科罗拉多甲虫幼虫以马铃薯和西红柿的叶子为食。对这样的害虫来说，人类的庄稼简直就是吃不尽的美味佳肴。

随着地球上的人口越来越多，我们需要一切能够获得的食物。在过去的50年间，科学技术的进步使得庄稼亩产不断提高，我们的食物更加丰盛了。机械作业让过去需要几个星期才能完成的艰苦工作变得轻松，化肥和杀虫剂也提高了庄稼产量。但是这种耕作方式也有缺点：与传统农业不同的是，这种机械化农业对野生生物造成了很大影响，而且降低了土壤的肥力。如果能够科学使用，土地可以同时满足农业和野生生物所需。

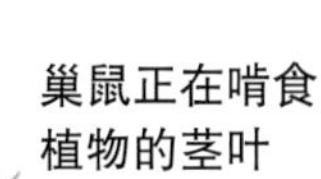

巢鼠正在啃食植物的茎叶

## 拥挤的养鸡场

这些母鸡一生都会在窄小的铁笼中度过。这种集约化养殖方式让鸡蛋更便宜，但是母鸡的生存条件太糟糕了——它们几乎都没法移动身体。

## 消失的野生动物

许多野生动物，比如这只巢鼠，饱受现代化农业技术之害。在欧洲，巢鼠曾经是麦田里常见的动物。然而现在，由于巢穴常常被联合收割机破坏，它们很难在农田里再生存下去。

## 大自然的帮助

在有机农场里，比如这座位于英国的有机农场，是不会使用化学杀虫剂的。人们采用作物轮种，或是种植诱导植物来控制害虫。在右图中，马铃薯旁边种植着荠菜，这些开着亮黄色花朵的荠菜作为诱导植物，将害虫从马铃薯植株上引开。

**有机农业顺应而不是反抗自然规律**

## 亚洲的有机耕种

有机农业并不是新鲜事物——在有些地方人们用这种方式耕种了数千年。在中国的传统农业中，家畜粪便用于给农田施肥，多余的食物则用来喂猪、家禽和鱼。

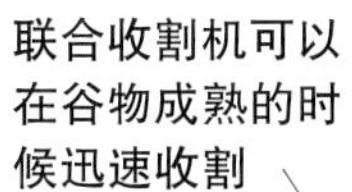

**全世界每年要消耗超过1.5亿吨化肥**

**我们吃的几乎所有的非有机食品都含有微量杀虫剂**

## 大规模耕种

机械化大规模耕种的农田，比如上图这块美国的麦地，能够生产大量的粮食，满足全世界人口的需要。但是这种集中的种植模式也会给环境带来许多问题。这种农业耕作方式非常依赖杀虫剂和化肥，而且农业机械也消耗了很多化石燃料。

## 行动起来！

找一找你所在地区的
改善家养动物生存条件的
动物福利组织。
试着自己种蔬菜——用花盆或
是在花园里种植。

## 转基因作物

虽然看起来和普通大豆没什么区别，但上图中这些大豆植株内都含有人工植入的基因，为了让它们更好地生长。有些科学家认为转基因作物可以提高产量而又不损害环境。其他一些人则认为这些转基因作物可能会将新基因传播给野生植物，从而带来新的问题。

**可怜的收成**

在许多发展中国家，由于土地贫瘠、气候干旱，农民的收成常常很少。他们没有钱买化肥，而且只能靠自己的双手在田地里劳作。许多农民的基本生活只能依赖救援机构。

# 不一样的

在生活富裕、土地肥沃的地区的农民是非常幸运的，因为他们的收成很好。收获的粮食也可以储存起来等待日后出售。但是产出的多余的新鲜食品常常会被浪费掉。与此相反，在世界上一些最贫困的国家，农民只能挣扎在贫瘠、干旱的土地上，有时甚至颗粒无收。大饥荒时他们也没有钱进口粮食。政府正在通过教给农民们有效利用土地的方式，来帮助他们自给自足。

**农民其实本身就有提高产量同时又不破坏环境的意识**

**大丰收**

在美国加利福尼亚州，一块甜椒地大丰收了，收割机收获下来的甜椒像小山一样堆在拖车里。这属于集中式农业——通过现代化技术耕作大面积的农田。人们使用化肥来增加土壤肥力，喷洒杀虫剂来控制病虫害。好收成赚取的利润让这些农民买得起昂贵的农业机械、化肥和杀虫剂。

# 收成

## 储存难题

在非洲的部分地区，超过1/4的贮存粮食都因为发霉、虫害、鼠害而损失掉了。这座位于南非夸祖鲁-纳塔尔省的架空粮仓是当地农民唯一能贮存玉米的地方。许多国际援助计划正在帮助村民设计和建造更好的粮仓。

哪怕减少**贮存粮食损失**的一半，每年就能节省超过**3000万**吨粮食

**鼠害**

每年田鼠和家鼠会吃掉大量的贮存粮食。

## 保存食物

有许多保存食物的方法，有的能在数月甚至数年内保证食物不会坏。食品包装加工业使得超市食品货架上琳琅满目的商品可以摆放很久，还可以出口到国外。

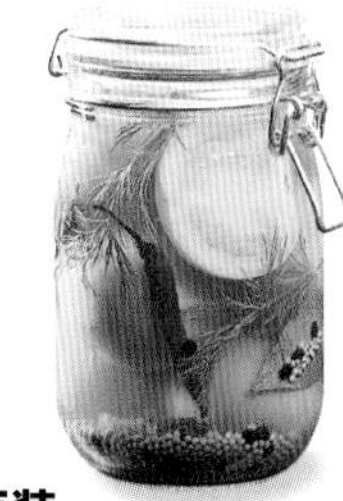

**瓶装**

腌渍西红柿、酸黄瓜， 甚至鸡蛋都可以装在这种密封的玻璃瓶里。

**冷冻**

蔬菜和水果，比如这些豌豆，可以在收获后几个小时内清洗、冷冻、包装。

**罐装**

水果、鱼类、豆类及其他许多食物都可以装在这种密封的马口铁罐头瓶里，保存期达好几年。

**烟熏**

人类在几千年前就知道用烟熏制的方法来保存鱼和肉。

**风干**

太阳晒干或是机器烤干的水果干保存了原有的风味和营养。

## 浪费！

发达国家的政府一直鼓励农民发展农业，无论这些农产品是否需要，这导致了多余的农产品被白白浪费。在美国加利福尼亚州，这些柑橘就堆在那里烂掉；在欧洲，多余的牛奶放着变酸，还有成千上万吨的奶油堆在仓库里。

在加拿大，
有天然**防风林**的地区**冬小麦**
的收成要比没有的地区高25%

# 农业机械

只有大规模种植才能收获足够人畜食用的粮食。但这种农业方式会对环境造成很大影响。为了通行大型的农业机械，农田周围的树木被砍伐，这样农田里的庄稼和泥土都没有了挡风的“篱笆”，许多野生动物也失去了家园。化肥和杀虫剂可能污染附近的河流，并误杀一些无辜的物种。

**粮食生产**

在美国俄勒冈州，联合收割机正在一块麦田里收割小麦。这些大型农业机械工作效率极高，非常适合在大面积的农田里工作。但是，它们巨大的油箱里常常装着1000多升燃油，强劲的发动机会消耗大量燃油，加剧温室效应。

## 风害

在一些地区，当庄稼收获之后常常会面临严重的环境问题。这时土壤裸露在外，在经过一段时间的干旱、炎热之后，土壤表层就会干透。如果遇到强风，成百上千吨的泥土会在数小时内被风卷走。

## 树篱

农田周围的树篱能保护环境，它们浓密的茎干和枝叶可以为庄稼挡住狂风，盘根错节的根系可以固定泥土、保持水分。树篱还是许多珍稀野花的最后生存地，而且还是许多昆虫、鸟类、爬行动物、哺乳动物的家园。

红蛱蝶在荨麻上产卵，这是它们的幼虫最爱吃的食物。

蓝山雀在树篱中筑巢，并用毛虫和昆虫幼虫喂养雏鸟。

野兔在堤坝和树篱下挖洞做窝。

一块树篱中能生活着**20种鸟类**及50~60种**植物**

**行动起来！**

多多支持乡村野生动物保护组织。

参加一支志愿者队伍，清理当地树篱丛中的垃圾。

了解有机食品是怎么生产出来的。

## 喷洒化学物质

许多人担心，农田里使用的各种各样的化学物质会造成危害。但是任何事物都有两面性，化肥让庄稼长得更好，除草剂杀死野草，除真菌剂预防产生霉菌和真菌，除虫剂控制害虫。没有这些化学物质，我们不可能吃上那么多新鲜饱满、价格合理的蔬菜和水果。

甚至像西红柿这样容易挤压破损的蔬菜也可以用机械收获

## 改良的机械

农业机械，比如这台西红柿收割机，可以取代大多数的田间劳力。虽然这些农机比较贵，但比人力要快得多。不过，笨重的机械会将土壤压实，空气和水分无法自由出入，造成土壤板结。大多数农机通过巨大的轮胎或履带尽量消除这个问题。

# 大饥荒！

全世界每年有数百万人死于饥饿和由营养不良、缺乏清洁的饮用水导致的疾病。旱灾是引起饥荒的一个原因——庄稼都枯死了，人们没有了食物。自然灾害，比如洪水、飓风、病虫害都会导致广大地区的庄稼歉收。战争是另一个原因。军队驱赶农民离开他们的土地，焚烧他们的农田，迫使挨饿的人们投降。好在无论何时何地发生饥荒，国际救援机构都会立刻开展行动，将救援食物送到灾区，帮助人们渡过难关。

**一无所获**

2007年在中国四川省发生的旱灾沉重打击了当地的渔业和农业。

## 饥荒救援

当埃塞俄比亚发生旱灾、庄稼歉收、粮食价格上涨、食物缺乏的时候，饥饿的人们只能依靠国际救援组织。右图是世界粮食计划署正在埃塞俄比亚北部的Guguftu 分发粮食。

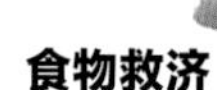

**食物救济**

像小米这样的谷物是理想的救援食物，其中含有丰富的营养，而且便于运输。

## 洪水肆虐

在2000年，莫桑比克的林波波河泛滥成灾时，冲毁了大面积的农田，也卷走了大量的贮存粮食。同时估计有10万人受灾，人们被困在屋顶、树上等地方。

## 空投物资

2006年，印度尼西亚的食物短缺既不是干旱也不是洪水造成的，而是源于一场毁灭性的大地震（引发了大海啸）。右图所示为印度尼西亚军方正在空投物资。

## 空中援助

一架运输机正在投下空运物资，这经常是在发生饥荒时运送救援食物的唯一方式。要想将救援食物通过陆路运输，需要大量的卡车和燃油，而且由于路途遥远、路况不佳，行进速度很慢，甚至可能受灾地区的道路已经不能通行了。

“仅在2007年，世界粮食计划署就为80多个国家的超过8600万人口提供了援助。”

联合国世界粮食计划署

参与志愿者行动，为饥荒援助筹集资金。

关注饥荒的新闻消息，在学校或和朋友们讨论这个话题。

捐献你一周的零花钱。

## 难民危机

在1999年，科索沃战争造成成千上万平民背井离乡，许多难民陷入饥荒之中。救援组织动用直升机空投了大量的面包等救援食品。

## 野生动物的庇护所

许多农田周围都保留着天然的树林和草丛。这些野生动物的庇护所没有喷洒杀虫剂，生长着丰富的花草树木，为许多昆虫、鸟类和小动物提供了食物和住所。

**青蛙**

青蛙可以吃掉大量的蛞蝓（鼻涕虫）——一种主要的害虫，是农民的好帮手。

**刺猬**

在田野里生活着许多刺猬，它们以蛞蝓和昆虫为食。

**鸟类**

欧歌鸫和其他鸟类在农田附近生活，吃掉大量的蜗牛和昆虫。

# 顺应大自然

在发达国家，许多农民开始摒弃使用化肥和杀虫剂，转而开始采用更天然的农业方式。有机农业的产量比集约式农业小，因此有机农产品更贵。不过，有些消费者乐于花费稍多一些的钱去购买没有化学物质残留的食物。发展中国家的农民也可以采用作物轮种等方法增加产量。这样的农业模式可以将营养成分返还土壤，而且也能够保护环境。

**行动起来！**

自己在家里制作堆肥，为花园里的土壤施肥，减少化肥的使用。

找一找当地超市中有哪些有机食品，肉类也有有机生产的。

拖拉机拉着一罐牲畜厩肥，在农田里施肥

## 自然养分的循环

农民常常将牲畜粪便制成厩肥，这是一种天然的肥料来源，富含庄稼茁壮成长所需的氮肥等养分。用庄稼秸秆等制成堆肥，或是间种、轮种等方式，都可以提高土壤肥力。

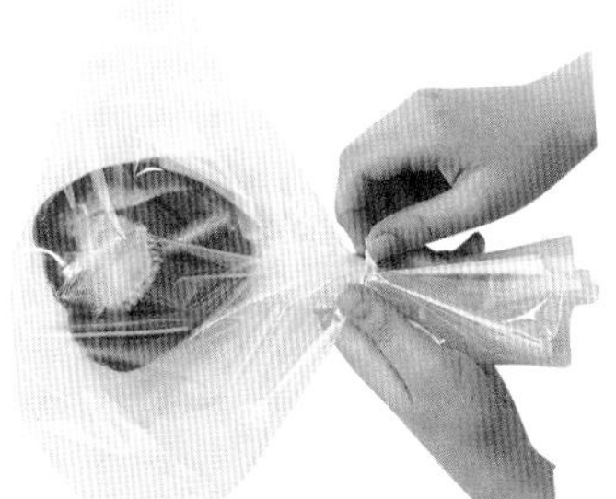

木瓜

## 农田边的树林

在热带地区，炽热的阳光会烤干土壤，使庄稼幼苗枯萎。许多当地农民开始在农田旁边种树，这叫作农林间作。波利尼西亚的这片玉米地在成排的木瓜树的庇护下，不会受到暴晒和风害。而且，农民除了有庄稼收成之外，还能收获累累果实。

实验

### 自然循环

**你需要准备：** 一个红甜椒、小刀、食品保鲜袋、夹子。

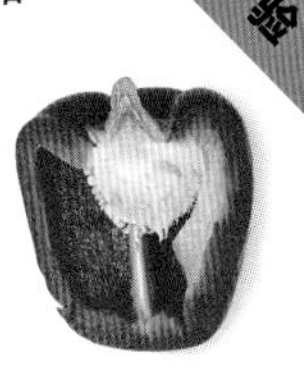

**1 将甜椒用小刀切成两半。** 取一半用于实验，放置几个小时。这是为了让空气中的真菌孢子落到甜椒裸露的内表面上。

**2 将甜椒**放在一个食品保鲜袋中，用夹子封口。把袋子放在一个温暖的地方。

**3 每天查看甜椒，** 记录下它的变化。大约两个星期之后，甜椒皱缩成了一团，长出了灰色或绿色的霉斑——这是一种常见的真菌引起的。

**这说明：** 当植物死去时，残余部分很快就会被真菌、细菌及其他微小生物分解。在自然界中，这个腐烂的过程会将植物体内的全部养分再返还给土壤。

“野生生物是有机农业中必不可少的组成部分。”

土壤协会

在超市里，有机食品越来越受到人们的欢迎

在稻田里饲养鸭子可以控制虫害

## 动物也能帮忙

在中国，许多种水稻的农民同时也养殖鸭和鹅。他们把这些家禽养在稻田里，清除杂草和害虫，同时鸭子排出的粪便又给稻田施了肥。亚洲的有些水稻田里还养殖了淡水鱼。

## 两全其美

农民可以通过“间种”——间隔种植两种以上的作物——来改善贫瘠的土壤。上图中是春小麦和大豆间种，不仅能出产小麦和大豆，大豆的茎叶还能作为动物饲料，而且这样的间种还为土壤增加了天然的氮肥。

**转基因的优点**

这片农田里的玉米看起来和普通玉米一样，但其实是人工植入了新基因的转基因玉米，新的基因让它们可以抵抗各种类型的除草剂。农民从此可以不用再多次喷洒不同的除草剂，只需要喷一次就可以了。杂草被杀死，而玉米苗则毫发无损。通过降低化学物质的使用量，转基因技术减少了对环境的破坏。

# 转基因食物之争

"生物技术将会成为改善农产品产量和质量的关键因素。"

约翰·伍德
英国食品饮料联合会

科学家可以通过给作物植入完全不相关的其他植物的基因片段，赋予作物全新的特质，这是在自然环境和传统农业育种过程中不可能发生的。通过这种新的生物技术，科学家希望培育出抗病虫害、耐干旱、蕴含更多营养物质、口感更好、保存时间更长的转基因作物。但是转基因技术也掀起了一场大争论。有人认为转基因作物可以解决全球的饥饿问题，也有人则相信转基因技术可能对人体及环境带来危害。

**改变自然**

这位科学家正在实验室里研究一株转基因西红柿。这种转基因西红柿被科学家"修饰"了导致过度成熟的基因，普通西红柿在成熟后会很快变软，而转基因西红柿能更长时间地保持坚硬、新鲜的状态。

## 转基因的风险

转基因作物最主要的安全问题就是通过花粉传播可能会将导入的新基因扩散到其他亲缘物种中。而英国的环境学家发现，普通农田中的动植物数量要比抗除草剂转基因作物的农田里多。有些人也很担心转基因食品会对我们人体造成伤害，比如引起哮喘等疾病。

转基因玉米只需要比普通玉米少得多的除草剂用量

蜜蜂等昆虫可能会把转基因作物的花粉授给其他植物，造成杂交

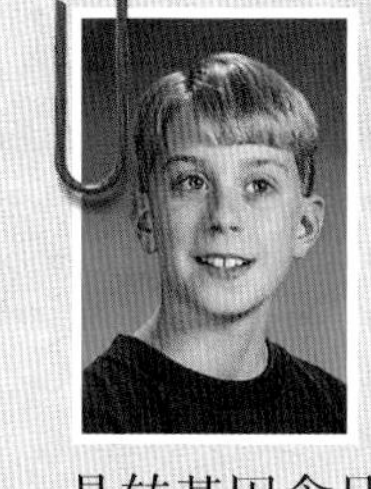

“我叫迈克，住在美国宾夕法尼亚州埃克斯顿。我认为我们应该研究转基因食品，因为它能帮助人类解决许多问题。但是转基因食品也不是完美的，在不是100%安全之前不应该出现在我们的餐桌上。我听说了一些转基因食物能引起过敏及其他疾病后很担心。另一个危险就是转基因的“超级作物”可能会与其他植物交叉繁殖形成“超级杂草”。转基因作物如果不是完全安全的话，一旦扩散就会带来更多危害。”

迈克·邦

## 食品研究

专家希望导入这些转基因西红柿的“长寿”基因可以延长果实的保鲜期。科学家还将合成维生素A的基因转入了一种亚洲水稻品种中，当地居民由于日常饮食中缺乏维生素A而导致夜盲症、失明高发，科学家希望这种转基因水稻能有效地解决这个问题。还有的实验人员正在培育耐旱作物，希望为非洲干旱地区的农民提供帮助。

## 打上标签

转基因大豆和转基因玉米如今已经在全球落地生根，并被制成了多种加工食品。在欧洲、日本和澳大利亚，含有转基因成分的食品都必须标明，以便消费者选择。但是饲喂转基因作物的家畜还没有被打上转基因标签。

“我相信这场对于环境、人类健康以及农业的危机是不可避免的。”

休·迈尔博士
基因观察（非政府组织）

## 反对示威

全球各地都有人在反对转基因食物这么迅速并且没有足够的安全性测试的情况下进入市场。人们也担心转基因技术专利给生物公司带来了过多的权力。现在许多国家的政府都对转基因产品进行了严格的控制。而生物公司也不得不大力证明自己的产品是有益而无害的。

# 畜牧业

有些养殖模式，在非常狭小的空间里饲养了大量的家畜家禽。这些动物被关在围栏或是养殖棚中，用特制的饲料喂养，而不是在开阔的空地上自由自在地觅食。这种畜牧业模式叫作集约化养殖，也有些批评家称之为工厂式养殖。虽然这些动物都被精心饲养、定期体检，但有人觉得把动物关在如此狭窄的空间里是不对的——甚至是残忍的。

**行动起来！**

积极参与学校组织的去养殖场参观的活动。

与你的朋友们讨论一下动物福利的话题。

试着去查一查你吃的肉和蛋都是来自哪里。

**在美国，饲养场里喂养的肉牛大多数一辈子都没见过青草**

## 是圈养还是放养？

许多大型养鸡场都将母鸡养在一种格子笼里，一个养殖场可能拥有数万只母鸡，而每只鸡的小笼舍刚好能容身。饲料和水通过机械自动配发给每只鸡，而鸡蛋则滚落到传送带上，运出鸡舍进行清洗和包装。饲养主认为：要想得到便宜、充足的鸡蛋，这是唯一的方式。但是从2012年开始，欧洲就禁止使用这种饲养模式了。

**散养的母鸡**

这些母鸡散养在一片开阔空地上，可以自由自在地活动。它们除了吃饲料之外，还能自己找嫩芽和小虫子吃。

**笼养的母鸡**

这些关在格子笼里大规模饲养的母鸡几乎不能转身，而且只能吃配方饲料。

## 饲养场里的肉牛

在美国，为了生产出便宜的牛肉，数百万头肉牛挤在大围栏里饲养。饲养主还可能给这些肉牛注射激素及抗生素来快速育肥和预防疾病。这种饲养模式在英国是被禁止的。

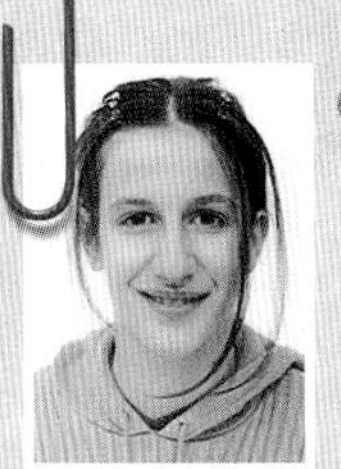

“我住在法国巴黎市郊。我们学校午餐里的肉类来自附近的工业化农场。我一想到那些可怜的动物被关在狭窄的笼子里，心里就很不安。我喜欢吃我奶奶做的饭，因为她总是买散养的鸡和柴鸡蛋，做出来的菜真是好吃极了！我也让我的爸爸妈妈去买来自散养农场的肉类，因为那些动物能过着自由一些的生活。这对它们更好，也对我们更好！”

霍格妮·比蒂
Morgane Billy

## 臭烘烘的问题

养牛场、养猪场、养鸡场等排放出的动物粪便常常被收集起来，当作肥料施到农田中。但是，肥料的使用量是有限的。人们必须小心处理多余的粪便，否则粪便中含有的大量的氮、磷、钾元素会通过富营养化污染附近的河流和湖泊。

**有些动物粪便被制成了干净、卫生的花园肥料**

## 育肥

在集约化养猪场，给小猪喂混合调配的饲料来育肥，饲料里包括谷物、鱼粉、骨粉及脱脂奶粉。这些小猪被饲养在温度适宜、通风良好的圈舍内。有些猪会被分到单独的围栏里，避免相互打斗。

巨大的混凝土贮料仓里存放着混合饲料——混合了谷物、大豆及来自南美的鱼粉等

这些堆积成山的谷物是在附近的农田里种植的

# 渔　业

## 捕鱼竞争

过去毛里塔尼亚的渔民在他们的海岸边能捕捉到大量的黄金鲻鱼。然而如今，这些渔民不得不和来自欧洲和其他地区的非法捕鱼船竞争。这些非法捕捞造成了西非地区渔业产量下降，等于从当地居民手中掠夺走了珍贵的食物。

鱼类可以给人类提供有益健康的蛋白质。在日本，鱼类占到人们摄入蛋白质总量的60%。在偏远的非洲地区，淡水鱼常常是唯一的蛋白质来源。小规模的捕鱼不会危害环境，但是采用深水拖网的商业化捕捞会严重威胁鱼类种群。许多国家已经实施了严格的配额制度，限制捕捞的鱼类数量。这项措施保护了全世界的濒危鱼类，为我们的子孙后代留下了取之不尽的渔业资源。

## 现代化拖网捕捞

这艘北海捕鱼船使用的拖网能一次捕捞数吨鱼类，而深海超级拖网渔船一次能捕捞100吨。这种毁灭性的捕捞方式已经造成有些鱼类的种群数量变得非常少了。

## 要鱼还是要森林？

人工养殖海虾成了东南亚地区的一项新的食物来源。这些海虾出口到发达国家的时候也可以卖个好价钱。但是，为了兴建养殖海虾的池塘，人们砍伐了岸边的红树林，而红树林能保护海岸，并为许多鱼类提供繁殖场所。

红树林保护海岸免受风浪的侵扰。

小虾经过清洗、加工、冷冻后准备出口。

现在，小虾捕捞业已经吞噬了泰国一半的红树林。

只买那些标着“海豚友好型”的金枪鱼罐头——有些捕捞金枪鱼的渔网也可能会缠住海豚。与你的朋友讨论一下用那么多的鱼类制成动物饲料是否值得。试着去查一查你吃的鱼来自哪里。

> “科学家预计，如果再不立即控制过度捕捞，所有商业鱼种将在50年内永久性消失。”
>
> 世界海洋保护组织

### 鱼粉加工厂

牛会吃鱼吗？可能会令你惊讶的是，答案是“是的”，而且还包括猪、鸡及其他家畜家禽。全世界捕捞的鱼类几乎有一半都被加工成了饲料鱼粉。这座位于秘鲁的鱼粉加工厂将全国捕捞的几乎所有的鱼制成鱼粉，出口到北美的养牛场。

### 传统的猎人

几个世纪以来，海洋哺乳动物一直是北美洲的因纽特人赖以为生的资源：肉可以吃，皮用于缝制衣服，骨头可以做成鱼叉尖，而膀胱还可以制成照明的灯。现在，大多数的因纽特人住在城镇里，但还是有一些人遵循着传统的捕猎生活方式。有些动物保护学家认为他们不应当继续捕猎。

因纽特人在冰面上钻孔，来捕获海豹

# 大自然的代价

我们今天吃的大多数食物，都经过了加工、包装、贮存，并经过远至半个地球的运输，才来到了我们的餐桌上。但是，这些丰盛的食物背后，付出了高昂的环境代价。加工和运输食品耗费了大量能源，还会产生污染和浪费等问题。而且，当农民努力提高庄稼和家畜产量以供出口的时候，还会破坏脆弱的生境。

### 隐藏的代价

每天人们要吃掉成千上万的食物，其中的原料来自世界各地。对于一个中等收入的美国家庭来说，食物消费所排放的二氧化碳是开车出行的两倍，而其中大部分来自农业，超过了运输或包装过程中的排放。堆肥、牛群及稻田排放的温室气体的危害，与农业机械燃烧燃料时放出的二氧化碳一样大。

加工面包和沙拉酱需要消耗大量能源

从发展中国家进口牛肉成本较低

农民在西红柿和生菜上喷洒杀虫剂来控制虫害

### 环境破坏

美国消费的大多数牛肉是从巴西进口的。在巴西，为了建立大型养牛场，大面积的热带雨林被砍伐。然而当地薄薄的土壤在放牧牛群几年之后，就会逐渐水土流失，变成不毛之地。

## 催熟香蕉

**你需要准备：** 两根还没有熟的青香蕉、一根熟透的黄香蕉、两个食品保鲜袋、两个封口夹。

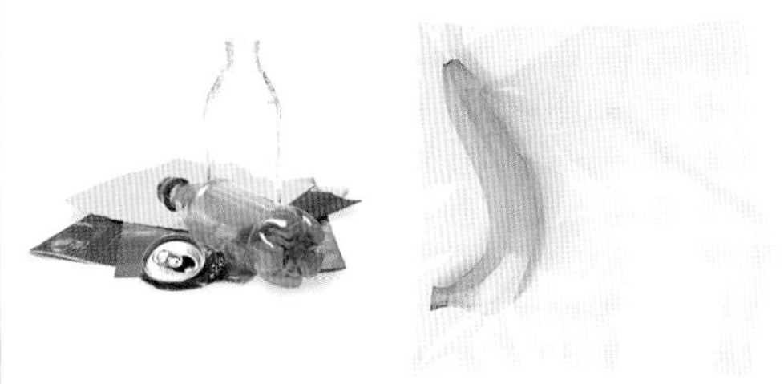

**1 将一根青香蕉**和黄香蕉放在一个保鲜袋里，另一根青香蕉单独放在一个保鲜袋里。

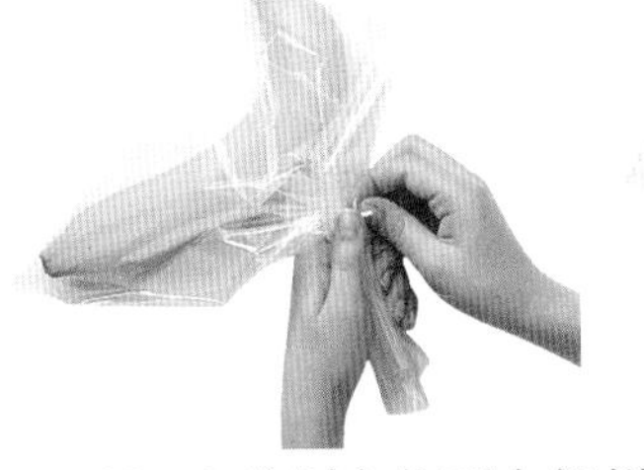

**2 用封口夹**分别夹住两个保鲜袋袋口。将香蕉放在温暖、向阳的窗户边，放置几天。

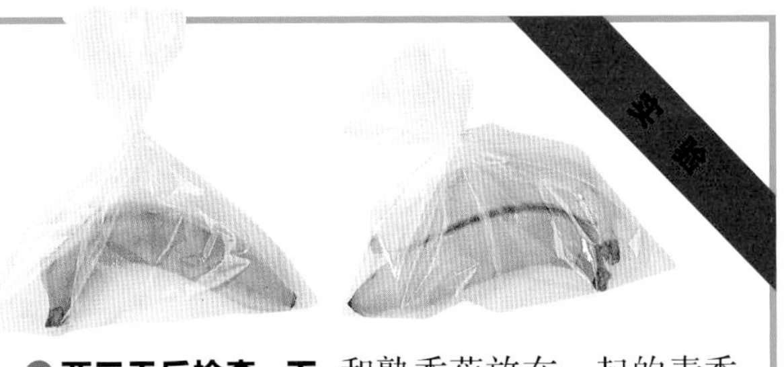

**3 两三天后检查一下，**和熟香蕉放在一起的青香蕉比单独放置的青香蕉熟得更快。

**这说明：** 已经成熟了的香蕉会释放出一种气体——乙烯，能够加快香蕉的成熟。这种气体被人们用在水果保鲜上：可以先采下还没成熟的水果，通过冷藏运输，到达仓库后在需要的时候用乙烯催熟。

## 储存和运输的成本

超市的灯光、冷柜等设施需要消耗许多电能。而长途运输中的轮船、飞机和卡车也需要消耗大量的燃料。食品运输中排放的温室气体占了整个食品生产环境中排放量的11%。

## 垃圾回收

回收垃圾要比单纯地掩埋垃圾更环保。许多城市都建立了垃圾回收处理厂。如果能真正做到回收利用，可以不用开采那么多矿产，也不需要砍伐那么多的树木，就能更好地保护我们的环境。

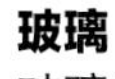

**玻璃**
玻璃瓶和玻璃罐可以回收重新熔化后制成新的玻璃制品。

**塑料**
加工厂应该多研究一些塑料回收的方式。

**纸**
回收纸张和纸板可以保护森林。

**金属**
回收铝制易拉罐和马口铁罐头盒，要比制造新的包装节约能源。

## 垃圾成山

我们每天都会产生大量的生活垃圾，这些垃圾堆积在填埋场或是被焚烧掉。这种解决垃圾的方式并不理想，因为垃圾在腐烂过程中会污染地下水并释放出难闻的气味及易燃气体。

## 食品处理

超市货架上的大多数食物都经过了加工和包装。生产即食快餐和长期保存的食物提供了许多工作机会，同时也让食物变得更贵了。

# 术语表

**保护：**
对自然资源的保存和持续发展。

**保护色：**
动物身体表面特殊的颜色和图案，使之与环境巧妙融合，不被敌人发现。

**濒危物种：**
数量稀少、濒临灭绝的物种。

**捕食者：**
捕猎并吃掉其他动物的动物。

**草地：**
生长的主要植物为草类的土地类型。

**除草剂：**
用于杀灭或控制杂草生长的化学物质。

**大气层：**
地球表面覆盖的厚厚的一层空气层。

**淡化海水：**
将海水中的盐分去除，得到淡水。

**地热能：**
来自地球深处的热能。

**繁殖：**
产生后代。

**肥料：**
天然或人工制造的物质，用于给植物增加养分。

**肥沃：**
土地里充满了植物生长需要的养分。

**浮游生物：**
漂浮在海洋中的微小有机体，包括浮游动物和浮游植物，是海洋生物的重要食物来源。

**干旱：**
长期没有降雨造成的自然灾害。

**工厂式养殖：**

见集约化养殖。

**灌溉：**

通过沟渠系统给农田中的作物浇水。

**核能：**

原子核转变的时候产生的能量。

**化石燃料：**

由古生物遗骸转化而成、从地底下或海底开采出来的燃料，比如石油。

**环境：**

我们周围的自然界，包括陆地、水、空气及有机体。

**回收利用：**

回收并再次利用，而不是丢弃。

**集约化养殖：**

将动物（尤其是家禽）关在狭小的空间里大规模饲养。

**季风：**

季节性的风，会带来强降水。

**间作：**

将两种及以上作物间隔种植，用来预防害虫或是增加土壤肥力。

**圈养：**

将动物饲养在有限的空间里，比如在动物园。

**可持续发展：**

能够维持在一个既能满足需要，又不会破坏环境的状态。

**猎物：**

被捕食者捕捉并吃掉的动物。

**乱砍滥伐：**

大肆采伐森林，导致严重破坏。

**轮种：**

在一块田地里依次种植不同的作物。

**觅食：**

寻找食物。

怎么样，这些与环境保护有关的专业术语有没有给你带来帮助？这里可以方便地查阅到这些词汇，希望你在生活中更加注意保护我们的环境！

**灭绝：**

不再存在。

**农林间作：**

将作物和树木混植，防止作物受到暴晒和风害。

**漂浮垃圾：**

海面上漂浮的垃圾。

**贫民窟：**

拥挤不堪、条件恶劣的居住地。

**气候：**

在某个地区相当长一段时间里的平均天气状况。

**清洁能源：**

不会产生污染的能源。

**全球变暖：**

全球平均气温逐渐升高。

**热带：**

赤道附近的地区，气候比较炎热、潮湿。

**人口：**

在一个国家、一座城市或是一个城镇里的居民数量。

**杀虫剂：**

用于杀灭或控制害虫生长的化学物质。

**珊瑚虫：**

微小的海洋动物，其分泌制造的外骨骼形成了珊瑚礁。

**生境：**

动植物自然存在的某个地区或是某类区域。

**生态：**

生物体和周围环境的关系。

**生态旅游：**

在自然环境没有受到人为破坏的地区进行的旅游业。

**生态系统：**

在自然界，生物群落和环境之间形成的能够自我维护的系统。

## 生物技术：

在工农业和科学研究中，利用活细胞或是细胞中的大分子的技术。

## 湿地：

终年积水的滩涂或沼泽。

## 食物链：

依据捕食关系而连接了不同类型生物的关系链。

## 水力发电：

水力制造的电能。

## 酸雨：

溶解了有害气体因此呈酸性的雨。

## 太阳能：

来自太阳的能量。

## 外来物种：

人为引入全新生境（以前从未有过这种生物的环境）的物种。

## 卫生：

有助于提高健康水平。

## 温带：

气候不太冷也不太热的地区。

## 温室效应：

大气层中的某些气体（比如二氧化碳）捕获太阳光的热量，防止热量散失的过程。

## 无土栽培：

作物不再种植在土壤中，取而代之的是沙砾和富含养分的培养液。

## 下水道污水：

从下水道排出的污水。

## 显微镜：

有些物体太小，只能通过显微镜才能看清。

## 有机农业：

不使用化肥和杀虫剂的农业形式。

## 藻类：

水中的微小有机体，是鱼类和海洋哺乳类食物来源之一。

## 转基因：

改变一种植物或动物的基因，比如将另一种完全不同的植物或动物的基因片段插入其中。

# 致谢

**Dorling Kindersley would like to thank:** Katie Newman for design assistance; Fleur Star and Penny Smith for proofreading; and Rob Nunn for help with picture research.

**Picture Credits**
The publisher would like to thank the following for their kind permission to reproduce their photographs:

(key: a-above; b-below/bottom; c-centre; f-far; l-left; r-right; t-top)

**Alamy Images:** Steve Bloom Images 2-3, 52-53; Doug Webb 18-19c. **K & K Ammann:** 58cr. **Ardea:** Hans D. Dossenbach 43bl; Kenneth W Fink 71br. **David Austen:** 20bl. **Mark Boulton:** 23ftl, 42-43. **John Cancalosi:** 29cb, 43cb, 55tl, 60-61. **Corbis:** Jason Hosking/zefa 30-31; Jiang Yi/Xinhua Press 80tr; Papa.graphics/Amanaimages 94tl; Boca Raton 91cl; David Reed 86bl; Roger Ressmeyer 77br; Reuters 22br; Jim Richardson 79tl; Guenter Rossenbach/zefa 94-95; Thierry Rousseau/Sygma 72-73; Paul Souders 6-7; Hans Strand 2tl; Kennan Ward 16-17b; Nevada Wier 35fcla; Michael S Yamashita 3tr. **Derek Croucher:** 42b. **Gerald Cubitt:** 11cr, 54bl, 57br. **Sue Cunningham Photographic:** 67tr. **DK Images:** Natural History Museum, London 4tl (green butterfly), 15cr (4 x butterflies). **John Downer:** 55br. **Alain Dragesco:** 64tl. **Ecoscene:** Andrew Brown 79ftr; Anthony Cooper 70-71; Hart 83br; Mike Whittle 83tl. **Ivor Edmonds:** 38fcr. **Eye Ubiquitous:** Bennett Dean 75cra. **Fauna & Flora International:** 11tr. **FLPA:** Holt 79br, 86-87, 91br; Holt Studios International/Julia Chalmers 86cb; Holt Studios International/Nigel Cattlin 35clb, 74cl, 82br; David Hosking 13br; Alwyn Roberts 87tr. **Getty Images:** 67cl; Odd Andersen/Afp 81tl; Sandra Baker 21cl; Adek Berry/Afp 81tr; Colorific!/Philippe Hays 51br; Billy Hustace 28bc; Johnny Johnson 29fcla; John Lamb 8-9b; Frans Lanting 11tl; Paul McCormick 43fbr; Michael Melford 35br; Bryan Mullenix 32; Ben Osborne 37t; Popperfoto.com/Rafiqur Rahman 50-51; Ed Pritchard 9cb, 22tl; James Randhlev 55ca; Riser/Charles Krebs 15ftl; Michael Rosenfeld 91bl; Steve Shelton/Black Star 19crb; Stone/Jacques Jangoux 10-11b; Stone/Martien Mulder 4-5 (background); Keren Su 66bl; Taxi/Robert Jureit 10tl; Bob Torrez 49cr; Nick Vedros 26-27; Jeremy Walker 20-21; David Woodfall 36-37. **Greenpeace:** Hewetson 48-49. **Steve Hopkin:** 24fcrb. **Hutchison Library:** 68tl; Jeremy A Horner 74bc; Mary Jelliffe 33cla; Bernard Regent – DIAF 69tl. **Impact Photos:** Gerald Buthaud/Cosmos 12bc. **Julian Cotton Photo Library:** 8-9 (background), 14ca, 28t. **Steven C Kaufman:** 61tc, 65br. **David Kjaer:** 59b. **Kos Picture Source:** Gilles Martin-Raget 46-47. **C. Maddock:** 45cr. **Luiz Claudio Margo:** 61br. **Richard Matthews:** 67c. **Neil McAllister:** 41cla. **Joe McDonald:** 57tr. **Yva Momatik & John Eastcott:** 25tr. **Nature Photographers:** Paul Sterry 33tr. **naturepl.com:** Tom Walmsley 16tr. **NHPA/Photoshot:** Martin Harvey 57tl; Stephen Krasemann 16cl; Roy Waller 17c; David Woodfall 24-25 (background), 82tl; Norbert Wu 38clb. **Pacific Stock:** 65bl, 83bl. **Panos Pictures:** R. Berriedale-Johnson 46clb. **Doug Perrine:** 55tr. **Photofusion:** Environmental Images/Chris Martin 44tr; Environmental Images/David Sims 25clb; Environmental Images/Dominic Sansoni 29tc; Environmental Images/Images/Robert Brook 26cb, 37c; Environmental Images/Roger Grace 41tr; Environmental Images/Steve Morgan 15bl, 51tl. **Photolibrary:** Corbis 1; OSF/David M Dennis 59cl; OSF/Konrad Wothe 63bc; OSF/Mark Webster 40-41; OSF/Martyn Chillmaid 62br; OSF/Michael Fogden 15tr; OSF/Michael Pitts 48br; OSF/Richard Packwood 68-69; OSF/Rob Cousins 68br; OSF/Stefan Meyers/Okapia 65tr; OSF/Steve Turner 69l; OSF/Tim Jackson 14br; OSF/Tony Martin 59tl. **David Ponton:** 14cra. **Dr. Eckart Pott:** 25tl. **Rex Features:** 79clb; Alexandra Boulant 27cla, 27tr; Christiana Laruffa 81br. **Robert Harding Picture Library:** 9br. **Brendan Ryan: 64bl. Centre for Science and Environment, India:** 35fbl. **Science Photo Library:** Martin Bond 75tc; Eye Of Science 17tc; Gene Feldman 38tr; R. B. Husar/NASA 18-19t; Chris Knapton 84-85; Jeff Lepore 12tl; Tom McHugh 23cla; Astrid & Hanns-Frieder Michler 38tl; Catherine Pouedras 20tl; Jerrican Weiss 23b. **Jonathan Scott:** 54c. **Still Pictures:** Kelvin Aitken 47c; B & C Alexander 89br; Adrian Arbib 18bl; Juan Carlos 89tr; Hanson Carroll 39cl; Nick Cobbing 85bc; Fred Dott 44-45; Mark Edwards 34tl, 76tl, 88tl, 89ca, 90l; Michael Gunther 57cr, 63tr; Robert Holmgren 84br, 85c; M & C Denis-Huot 13cr; John Paul Kay 74t; Marilyn Kazmers 41cr; Klein/Hubert 12br; John Maier 36clb; Gerard & Margi Moss 77c; Gil Moti 34bl; Knut Mueller/Das Fotoarchiv 80-81; Jim Olive 24cl; Edward Parker 89bl; Ray Pfortner 43fcr; Thomas Raupach 88b; Haratmut Schwarzbach 50tr, 81ca; Roland Seitre 47tr; Somboon-Unep 45tr; Joe St Leger 12-13 (background); Norbert Wu 55cl. **Kim Taylor:** 34-35 (background). **TopFoto.co.uk:** 20cr; UNEP/Daniel Frank 9tl. **Nigel Tucker:** 71cl. **Rod Williams:** 58bc. **Warren Williams:** 49tl. Norbert Wu: 48cb.

**Jacket images:** Front: **iStockphoto.com:** Jan Rysavy c (globe); Emrah Turudu cr (hand). **naturepl.com:** Aflo (background). Back: **Getty Images:** National Geographic /Taylor S. Kennedy tr. **Science Photo Library:** Martin Bond tl; Alexis Rosenfeld br; Daniel Sambraus bl. Spine: **iStockphoto.com:** Jan Rysavy ca (globe), cb (globe); Emrah Turudu ca (hand), cb (hand).